岩波科学ライブラリー 331

めざせマントル!

地球を掘る地質学者の冒険

道林克禎

岩波書店

プロローグ　鮮やかな緑色の砂利

静岡大学大学院理学研究科地球科学専攻(当時)の修士一年の一九八八年の夏、北海道に二度目の調査に向かう。調査のために、襟裳岬《えりもみさき》に近いとある河川に到着して河原にむかって歩き出すと、前方に見たことのない緑色の砂利が道路に敷かれていた。それは、これまで知っているどの岩石とも明らかに異なる、塊状なのに鮮やかな緑色をしており、所々にエメラルドグリーンの粒が見えた。

「何だ、この岩石は!」今でもすぐに思い出される緑色の砂利は、カンラン岩という岩石だった。生まれて初めて見た、マントルの岩石だ。この岩石は、北海道日高山脈南部のアポイ岳周辺で見ることができる、世界でも有数の見事なカンラン岩のかたまり(幌満《ほろまん》カンラン岩体)の一部である。

大学院生時代はカンラン岩を研究対象とはしていなかったが、緑色でずっしりと重たい岩石をいつか研究してみたい、あのときからそう思い続けた。初めてマントルの岩石を目にしてから一〇年以上経って、願いが叶う。そして、今がある。それどころか、マントルを研究するためにアラビア半島を歩き、荒ぶる大西洋に翻弄されながらも科学掘削《くっさく》船で二カ月間過ごし、世界最深のマリアナ海溝の斜面に潜った。そして二〇二二年八月一三日、伊豆・小笠原海溝の最深部九八〇〇メートルまで潜航するに至る。さらに、日本人最深潜航記録を六〇年ぶりに更新するというおまけまで付いた。一体、どうして私だったのか。その軌跡がここにある。

本書では、マントル研究のために世界各地や深海底を訪ねたエピソードを振り返りながら、岩石が教えてくれる地球のダイナミクスについて紹介していく。

第1章ではマントル研究を始めるきっかけとなったフランス留学時代とアラビア半島でのオフィオライトという岩塊の調査を中心として、地球の内部構造のあらましを解説する。第2章では海洋底からマントルまで掘削できるはずだった科学掘削航海と、カンラン岩とマントル研究について述べる。第3章では海溝研究と有人潜水船による深海底調査の様子とカンラン岩の組織について取り上げる。第4章では夢のマントル掘削プロジェクトとその実現のために努力し続ける研究者を紹介する。第5章ではマントル掘削の予行演習のようだったオマーン掘削プロジェクトと国際共同研究の様子について述べる。そして、第6章では日本人最深潜航記録となった伊豆・小笠原海溝最深部への潜航に至る経緯と潜航の様子を紹介する。

本書が、地球科学の魅力を伝えるとともに、科学者を目指す若い読者の参考になることを願っている。

目　次

カバー：地球深部探査船「ちきゅう」

1　マントルと出会う

フランスのマントル研究者のもとへ

一九九七年八月半ばの夜、例年にない猛暑のなか、私は家族とともにフランスのモンペリエ空港に降り立った。日本学術振興会の海外特別研究員に採用されて、二年間、地中海に近い南フランスに位置するモンペリエ大学（Université de Montpellier）で研究するのだ。モンペリエ大学には、マントル研究で世界的に有名なアドルフ・ニコラ（Adolphe Nicolas）教授とフランソワーズ・ブーディエ（Françoise Boudier）教授のグループがいる（図1）。この留学から、私の「マントルを目指す」旅は始まる。

留学先をフランスにしたのは、英語圏以外の国に行きたかったというやや不純な動機からである。もちろん、それだけではない。当時、自分の専門分野の学術論文を検索していると、しばしばフランス人著者の論文が目に留まる。どういうわけなのか、なぜか気になる。どうしてだろう、何かあるにちがいないと、徐々にフランスに行ってみたくなった。そして、留

図1　フランソワーズ・ブーディエ教授（左）とアドルフ・ニコラ教授（右）（2015年3月23日）.

学先として選んだのが、モンペリエ大学だった。

当時の私は、マントルを研究していなかったので、受入研究者として、ニコラ教授の下にいた年齢が近いブノワ・イルデフォンス（Benoît Ildefonse）博士（図2）に留学について相談した。これが結果的にとてもよかった。私と同世代のブノワ（会うまでベノイットさんだと思っていた）は、とても世話好きで陽気なフランス人。幼い娘二人を連れて夫婦ともにフランス語も話せないまま、のこのことやってきた日本人家族を、面倒な役所関係の手続きをはじめとして、とても上手に支援してくれた。

ブノワとは随分後になって一緒にマントル掘削プロジェクトを推進する。このフランス留学時代が、私のマントル研究の大きな土台になった。これもまた、不思議な縁である。

モンペリエ空港ではブノワに迎えられた。ちょうど夏のバカンスシーズンで、不在中を利用して貸し出されていた学生アパートの一室でフランス生活が始まった。最初は戸惑うことが多かったが、二年間暮らすアパート探しから家具の調達、中古の自家用車の購入まで、ブノワが世話をしてくれた。

モンペリエ大学は専攻によってキャンパスの異なる三つの大学の総称だ。私が所属した地球科学部門は第二大学だ。ブノワに案内してもらった第二大学キャンパスの地球科学部門の建物は、欧米の映画に出てくるような石材造りでも赤レンガ造りでもなく、特に趣向も感じられない日本の公立高校の建物のような印象だった。

留学中の夏は、二年連続して例年にない猛暑で建物内の気温も高かったが、居室には冷房設備がなかった。ニコラ教授のグループが、このような環境でたくさんのサイエンスを創出していることに驚いた。

マントルのかけら

ここでマントルについて紹介しておこう。地球の内部構造（図3）は、卵に譬《たと》えられる。外側から殻が地殻、白身がマントル、黄身が中心核である。地殻とマントルは主に岩石で、中心核は金属でできている。白身に相当するマントルは、このうちの約八割を占めているので、大雑把に言えば「地球はマントルでできている」といえる。さらに、そのマントルはカンラン岩（とその高圧相）を主成分とするので、「地球はカンラン岩でできている」と読み替えられる。

このように地球の内部構造はよく知られているにも

図2　ブノワ・イルデフォンス博士（2015年3月25日）.

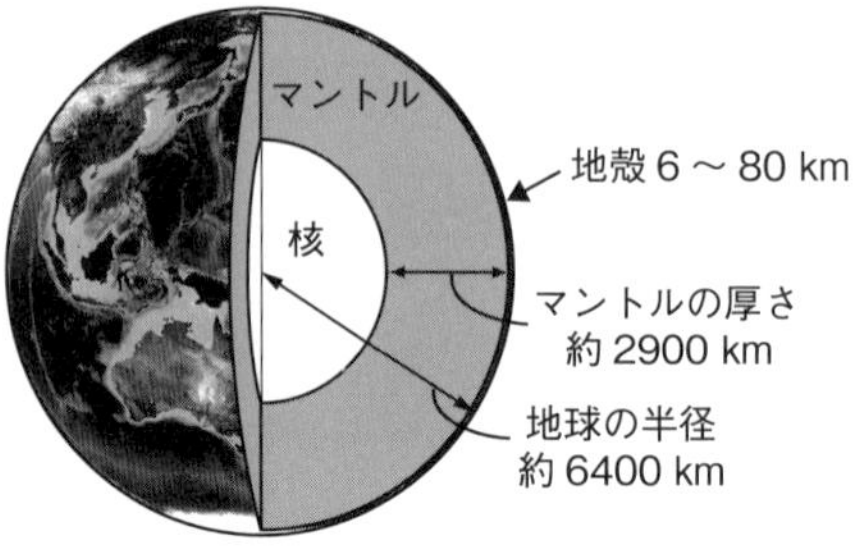

図3　地球の内部構造.

かかわらず、人類は未だにマントルに直接到達していない。マントルは地殻に覆われており、一番薄い海底の地殻でも六キロメートル地下までいかないと辿り着けない。この六キロメートルを掘り抜く計画は一九五〇年代からマントル掘削計画として知られている（第4章参照）。

見たことのないマントルはどうやって研究されているのか。その方法には三つのアプローチがある。

一つめは、地震学的にマントルの構造を〝直接〟観測する方法である。これは、日の光に照らされた景色を私たちが視ている方法と似ている。私たちは眼球で光をうけ、それを頭脳で解析して景色を認識する。地球内部では光は通じないが、地震の波は伝わる。この地震波（光に相当。以下同）を計測（眼球）して解析（頭脳）することでマントルの構造（景色）を〝視る〟ことができるのだ。この方法は地震学とよばれる分野である。

二つめは、実験室にマントルと同じ環境を再現する方法である。マントルの温度は数千度に達するだけでなく、数百万気圧の圧力をもつ極限環境である。これを実験室で再現してマントルの物質がどのようなものか〝視る〟ことができる。この方法は高圧科学とよばれる分野である。

三つめは、地表に現れたマントル物質を調べる方法である。地球表層は複数枚のプレートが相互に水平運動するプレートテクトニクスによって成り立っている。この相互運動によって、ごく稀にマントルのかけらが地表に引きずりあがる現象がおきる。このようにして地表に露出したマントル物質を含む岩石の塊（岩体という）はオフィオライトとよばれている。このオフィオライトを観察してかつてのマントルの痕跡を探し出す。この方法は地質学とよばれる分野であり、これこそが私自身の専門分野である。

オフィオライトは日本列島にもある。しかし、最も規模が大きく有名なのはアラビア半島東端のオマーン国（オマーン・スルタン国。本書ではオマーン国とする）の黒い山脈をつくるオフィオライトである。そして、このオフィオライトを世界的に有名にしたのが、私の留学先であったモンペリエ大学のニコラ教授の研究グループだ。

ランチタイムレクチャー

国際的に活躍する研究グループには訪問者が多い。私が留学した二年間に数え切れないほど頻繁に世界中から研究者がやってきては、セミナーで最新の研究成果を紹介してくれた。セミナーを除けば、毎日朝から夕方まで居室で日本から持ち込んでいた岩石の研究を進めていた。こうした日々の中で、ランチタイムにニコラ教授たちと一緒に食事するのが日課になった。

地球科学部門の建物の玄関を出たところに大きな木製のピクニックテーブルがあり、昼休みにニコラ教授のグループがランチを食べる定位置になっていた。メンバーはほぼ固定していて、ニコラ教授とブノワの他に、ブーディエ教授、デイビッド・マインプライス(David Mainprice)博士、アラン・ブシェーズ(Alain Vauchez)博士とアンドレア・トマシ(Andréa Tommasi)博士。

ブーディエ教授とマインプライス博士とブシェーズ博士は、ニコラ教授とナント大学時代からの僚友、トマシ博士は新進気鋭の若手研究者だ。このメンバーに私が加わるとピクニックテーブルはほぼ満席になる。このなかで、マインプライス博士は、ブノワが出張で不在の間、私たち日本人家族の世話をよくしてくれただけでなく、留学を終えて帰国した後の私の研究活動に大きな影響を与え続けた恩師でもある。

全員がパンとチーズとサラミを持参して、それらを小さなナイフで器用にさばいてサンドイッチを作ってランチにする。私も毎朝通学途中のパン屋さんでバゲットを買って、チーズとサラミを挟んで食べるようになった。

このランチタイムの会話は基本的にフランス語で進むが、日常会話から研究に話題が移る時は、私も会話に加われるように英語に切り替えてくれた。ランチタイムを通じて、ニコラ教授たちとどんどん仲良くなった。そして、このピクニックテーブルの場が、ニコラグループのマントル研究を学ぶ場となった。

マントル研究に誘われる

モンペリエ大学の研究生活に慣れてきた一九九七年一二月下旬、あと数日で新年を迎えようとしていた昼下がり、いつものようにピクニックテーブルでランチを食べていた。さすがに風が冷たく長居はできないが、野外で食べるバゲットのサンドイッチは美味しいものだ。

その日のニコラ教授とブーディエ教授は少し深刻そうな表情で話をしていた。フランス語で早口で話していたので、最初は会話の内容を理解できなかった。そのうちに年明け早々にアラビア半島のオマーン国に調査に出かける予定であること、同行するはずだった大学院生が行けなくなったこと、代わりの大学院生が見つからなくて困っている、ということがわかってきた。

二人の会話を聞きながら、いつものようにサンドイッチを作って食べていると、ブーディエ教授が思いついたように「カツ（私）が行けばいいんじゃないの」と言う。ニコラ教授も「おお、それはグッドアイデアだ！　どうだ、一緒に行かないか？」と言う。「マジで！」と内心思いつつ、こんな機会はないから「ぜひ、行ってみたい」と答えた。こうして、私の長く続くマントル研究が始まった。

オマーン国があるアラビア半島の東端には、黒い山脈となった岩体（オフィオライト）がある（図4）。そこはアラビアンナイト（千一夜物語）に出てくるシンドバッドの冒険の舞台その

図4　ニズワの町並みの向こう側に拡がるオフィオライト岩体．ここから調査が始まった．

ものだ。

オマーン国でのオフィオライトの調査は毎年一二月から一月頃の冬季に行なわれていて、一〜二名の大学院生が同行し、学位論文を書く研究テーマとなっていた。私は、日本から持ち込んだ研究をしながら、ニコラ教授の研究論文を少しずつ読んで勉強した。実際の調査と研究活動が、これほど少人数で行なわれていたことを知ってとても驚いた。

マントルにつながる岩体

オフィオライトは、諸説あるが海洋プレート（次項参照）の断片に最も近い多様な岩石種からなる複合岩体である。オマーン国のオフィオライトは、五〇〇キロメートル以上の長さの山岳地帯を形成しており、その大きさが世界最大であるだけでなく、保存状態もかなり良好な岩体として知られている。

オマーン国に分布するオフィオライトは、一九七〇年代に英国オープン大学やアメリカ合衆国のコールマン（R. G. Coleman）教授らの研究グループによって精力的に調査された。コールマン教授らは一九八一年に『地球物理研究誌（Journal of Geophysical Research：ＪＧＲ）』に研究成果を集大成した特集号を出した。私をオマーン国のオフィオライト研究に導いてくれたブーディエ教授は、ニコラ教授の下で博士号を取得した後、コールマン教授のポスドク（博士研究者）となってオフィオライト岩体の研究をした。もちろん、ＪＧＲ特集号にも論文がある。

海洋プレートの断片とされるオフィオライトの成り立ちを考えることは、地球内部のマグマの動き、そしてマントルの動きを考えることにつながる。

ニコラ教授は、コールマン教授のポスドクの後に、一緒に仕事を始めたブーディエ教授から教えてもらって、一九八〇年に入ってからオマーン国のオフィオライトの研究を始めた。それから毎年、三〜四名程度の少人数で、文字通り地道に調査をして、その結果を論文にして、また調査に行くことを繰り返した。ニコラ教授とブーディエ教授による研究の最初の集大成は、一九八八年に『テクトノフィジックス（Tectonophysics）』誌に特集号として発表された。この特集号内で、ニコラ教授は従来とはまったく異なる新しい中央海嶺下のマグマだまりモデルを発表して、大きな話題になった。

プレートとマントル、その実体像を追い求める

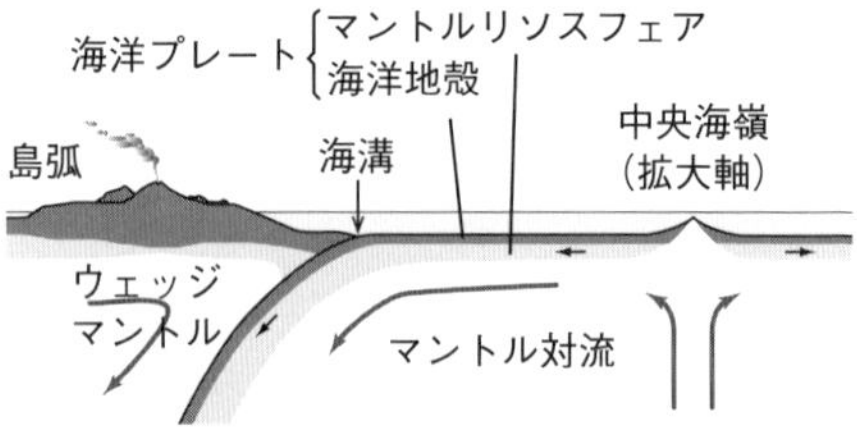

図5　海洋プレートの模式図.

地球表層は複数枚のプレートとよばれる岩石の板で覆われている。そのうちの海洋プレートは海洋底の山脈である中央海嶺から、数千万年から数億年かけてゆっくりと水平移動して、海溝という海洋底の深い溝で沈み込む(図5)。しかし、である。プレートはどうやって作られているのか、私たちは大まかにしか理解していない。

先に地殻を卵の殻、マントルを白身に譬えた。この譬えを続けると、プレートは卵の殻だけでなく、殻に付いた薄い白身まで含む。ゆで卵の殻をむくと、殻と一緒に白身も付くことがあるだろう。この殻に付いた白身がプレートの一部となったマントルに相当する。卵の殻と白身の境界ははっきりしているが、実際のプレートにおける地殻とマントルの境界は曖昧である。地球科学では、海底下約六キロメートルで観測される地震波を強く反射する面(これをモホロビチッチ不連続面という)を地殻とマントルの境界と定義しているが、実のところ誰も見たことがない。オフィオライトは、マントルのかけらを含むが、実際にはプレートのかけらである。しつこいが、白身の付いた卵の殻のかけらがオフィオライトである。

オフィオライトには直接観察できない深海底の中央海嶺のさらに地下深部の状態が保存されている、という考えがある。つまり、マントルの一部が溶けてマグマとなり、それが地表（海底）で冷えて海洋地殻に変わる様子が観察できるのだ。さらに、プレートを動かす原動力となっているマントル対流の影響が、オフィオライトのマントルのかけらであるカンラン岩に残されている。オフィオライト研究は、プレートの形成から改変までを解き明かす学問である。ニコラ教授は、留学中のことあるごとに、「何かを解き明かしたいならオマーン国のオフィオライトに行け」と私に言った。

オマーン国に立つ

一九九八年一月一九日午前〇時過ぎ、私はブーディィエ教授とオマーン国のシーブ（現マスカット）空港に到着した。ニコラ教授は諸用のため一週間後に合流することになっていた。

飛行機のドアが開きタラップで降り立った空港は、真夜中にもかかわらず生暖かい。空港は、これまでほとんど見たことがない、似ているけれど同じではない中近東諸国のさまざまな民族衣装を着た人々でごった返している。おそらく一人だったらビザ申請も税関通過も大変だったに違いない。ブーディィエ教授の後ろでなんとか入国できたが、終始、空港内のアラビア語の喧騒と人々の活気に圧倒された。

入国して最初にしたことは、調査のためのレンタカーの確保である。ブーディィエ教授が、馴染みの会社の貸し出し窓口を見つけて手続きをした。私も同行者として日本の国際運転免許証を提示する。借りた車は四輪駆動の日本車である。ただし、オマーン国はフランスと同じ右側通行なので、ハンドルは左側でシフトチェンジはマニュアルだ。

運転は最初から私にまかされた。すでにフランスに留学してからの四カ月間、左ハンドルのマニュアル車を運転していたのだが、借りた車は巨大な四輪駆動車なので、正直かなり緊張する。慎重にといえば聞こえはいいが、のろのろと運転を始める。空港を出てすぐに巨大なラウンドアバウト(環状交差点)があり、信号もないので合流のタイミングを計りながら慎重に運転してホテルに向かった。

空港からマスカット中心街に続く道路はとてもよく整備されていて、両側に植樹された木々は街灯に照らされて黄緑に見える。そのうち前方に夜の闇に浮かぶ大きな塔が見えてくる。ブーディエ教授が、あれは国王のモスクだと教えてくれた。これまで訪れたどの国とも違うイスラム教を崇めるオマーン国の闇の向こうに、マントル物質を多く含むオフィオライトの山々があった。

真っ黒い石

向かったのはニコラ教授とブーディエ教授の定宿で、カルムビーチというマスカット市内の美しい海岸沿いにある、アパートメント調のホテルだ。毎年の調査のために、このホテルには調査道具がブリキ缶に保管されている。オマーン国は南の一部を除くと砂漠気候のためほとんど雨が降らず乾燥しているので、湿気で調査道具がかび臭くなることはない。

翌朝、調査道具を四輪駆動車に積み込み、最初の調査地である南方のオフィオライト岩体に向かう(図4参照)。

ニコラ教授とブーディエ教授によるオマーン国のオフィオライト調査は、最終段階に入っており、地図を見ながら点々と残された未調査地域を巡っていく。最初のオフィオライト岩体の露頭に辿り着くと、ブーディエ教授は私に教えるように露頭を観察した。そして、ロックハンマーで割ってから握り拳大に整形した最初の岩石標本を私に見せながら、「ごめんなさい、初めてのカンラン岩にしては(蛇紋岩化して)真っ黒よ」と申し訳なさそうに言われた。ブーディエ教授から手渡された初めてのマントルの岩石は、これまで研究で手にしてきたどの岩石よりもはるかに重かった。

一〇年前の修士一年の夏休みに北海道の河原で緑色のカンラン岩を見たときから、いつか研究してみたいと想い描いていたマントルの露頭に立っていた。

焚き火のオムレツ

オマーン国でのフィールドワークの様子を紹介しよう。

調査は、オフィオライト岩体の位置を記した地図を使って、道路や谷に沿って一キロメートル四方のメッシュ内に一個の岩石試料を採って、その地点の露頭を観察して記載していくことだった。この試料は定方位試料といって、露頭から握り拳大の岩石をハンマーで割って採る前に、岩石に水平線と磁北をマーキングする(図6)。

この他、露頭で岩石中の粒子(スピネル粒子や直方輝石、後述)の形状や配列から力の作用をうけた構造(面構造、後述)が確認される場合には、その姿勢を地質用コンパスで測定する。記載方法は、フィールドノートに書き込むのではなく、ブーディエ教授からの指示でハンディ録音機に話して記録する方法をとった。

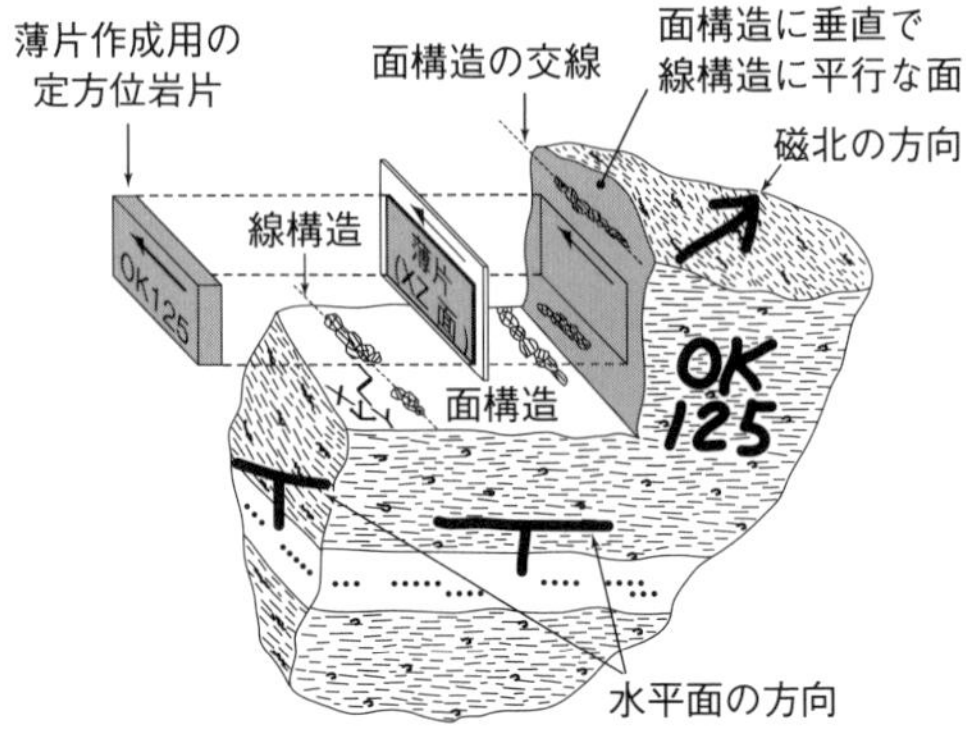

図6　岩石の定方位試料と薄片の作り方.

録音機を使用したのは、この時が初めてだったので、最初は少し気恥ずかしく戸惑った。途中から合流したニコラ教授は、この録音に慣れており、句読点まで口頭で録音していた。フランスに戻ってから知ったのだが、この録音の文字起こしをニコラ教授の秘書だったバナデットさんが担当していたので、「おはよう、バナデット、今日もよろしく、まる」のように話しかけていた。広大なオフィオライト岩体を調査するので、少しでも時間を節約するために、歩きながら口頭で録音する方法に辿り着いたとブーディエ教授が現地で話してくれた。

当時のオマーン国では、主要道の整備はマスカットなどの大きな街周辺に限られており、オフィオライト岩体へはホテルから半日以上かかることも多かった。そのため、四輪駆動車に水と食料を積み込み、調査中は終始キャンプだった（図7）。

調査は一月から二月の冬季だが、日中は暑くなる。調査中は道路のない〝涸れ川〟（ワジという）沿いを一〇キロメートル近く奥まで歩いて往復する。基本的には谷の最も深い地点まで歩き、そこから戻りながら調査して握り拳大の岩石を一キロメートルごとにロックハンマーで割って採取するのだ。そのため、午後になると、バックパックは岩石でずっしりと重くなる。そうした合間に、ワジに綺麗な水流をみつける（涸れてばかりでもないのだ）と、石けんを取り出して汗を流した。ヤギくらいしかいない大自然の中、素っ裸になって体を洗うのは最高に気持ちがよかった。

図7　オフィオライト調査中のキャンプ．マントル物質に囲まれている．

夕方近くになると、調査を終えてテントを張るために、道路から見えない適当な場所を探す。その日のキャンプ地が決まると、完全に暗くなる前にそれぞれにテントを設営する。それから焚き火用の木々を拾い集める。ここまで完了すると、一休み。キャンプ用のイスに座って少しだけウイスキーをマグカップに入れて飲むのがお決まりだった。

イスラム教の国であるオマーン国では、アルコール飲料を国内の店で買うことができない。唯一、入国時に空港内のショップで限られた量だけ買って持ち込むことが許された。モンペリエ大学グループでは、ウイスキーを持ち込むことが普通だった。しかし、買い足しができないため、飲む量は少なかった。もともと私は、ウイスキーをそれほど飲めなかったので、少しの量で十分だったが、次第に毎晩の楽しみになった。ブーディィエ教授からは、まずはウイスキーを飲み、疲労感を少し回復させてから夕食の支度をするのだと教えられた。確かにそれはよい方法で、休んだ後は昼間の調査の疲れが少し和らいでずっと楽だった。

夕食は焚き火を使ってブーディィエ教授が調理してくれた。冷蔵庫もないため、車に積んだ食料は日中の高温下であっという間にダメになった。特に青物はだめだったが、キュウリとトマトは最後まで食べられた。とりわけトマトは様々な用途に使用できて重宝した。

四輪駆動車で移動中に店を見つけると食料を調達するのだが、ある日、ブーディィエ教授が卵を一〇個も買った。二人だけで調査していたので、どうやって卵を料理するのかと思った。その日のキャンプで、なんとすべての卵を割って大量のオムレツを作ったのだ。大部分は私が食べたのだが、人生で卵一〇個のオムレツは一度きりである。二人で〝オムレッツ・デュ・フー・デ・ジョア（焚き火のオムレツ）〟だねと笑う。キャンプしながらの調査は身体にもきつかったので、このオムレツは特別に美味しかった。

二〇二〇年一月にオマーン国で開催された学会で、ブーディエ教授に久しぶりに再会した時、この時のオムレツのことを話しながら当時をなつかしんだ。大切な思い出である。

岩石に線を引き続けた暑い夏

オマーン国の調査から戻った後は、現地で採取したカンラン岩の構造解析で汗を流した。カンラン岩は、見かけ上は塊状である。しかし、カンラン岩を構成している鉱物（カンラン石、スピネル、直方輝石、単斜輝石）のうち、スピネルと直方輝石は面状に配列して面構造を示している。さらに、面構造上の鉱物は、ある特定の方向に伸長して線構造を示している。この面構造と線構造を同定するために、岩石標本に一個ずつ、「面だし」という作業を行なう。

面だしとは、岩石カッターで岩石標本の端を切断して平面をいくつか作り、その平面の鉱物の配列を調べて、二次元の広がりをもつ面構造を決める作業である。面構造が決まると、面構造に平行な面を岩石カッターで切断して、線構造を決める（図6参照）。

カンラン岩は、多くの場合、地表近くで水と化学反応をおこして蛇紋岩化している（こうした反応をおこしていると、前述のように色が黒くなる）。そのため、岩石カッターによる切断面を観察しただけでは鉱物の伸長を確認することは困難だ。そこで、適当に希釈した希塩酸に一昼夜浸して、表面を腐食させる。この工程によって、カンラン岩の表面では主にカンラン石が青白色に腐食して、直方輝石とスピネルがくっきりと切断面に浮かびあがり、配列や伸長性を確認できる。

伸長性が確認されると、赤鉛筆で線を引く。この作業を繰り返して面構造を決める。面構造が決まると、同様の作業を繰り返して線構造を決める。一個の岩石から面構造と線構造を求めるのに最低三日間を要した。これをオマーン国で集めてきた約三〇〇個の岩石について繰り返した。

南フランスの地中海沿岸に位置したモンペリエの夏は暑かった。この夏の記憶は、岩石の面だし作業しかない。他に何をやったのか思い出せないほどに、この単純作業を毎日繰り返した。

面構造と線構造が決まると、定方位のマークをもとに露頭での姿勢を復元して、面構造と線構造の姿勢を測定する。それから面構造に垂直で線構造に平行な面を岩石カッターでブロック状に切り出して、顕微鏡で観察するための準備として岩石チップ（定方位岩片）を作成する（図6参照）。

岩石の組織を偏光顕微鏡で観察するためには、一〇〇分の三ミリメートルの薄片を作成する必要がある。モンペリエ大学では腕のよい技官がこの作業を担当してくれたので、岩石チップにするまでが私の作業だった。面だし作業をすべて終えて、面構造と線構造のデータ整理が終わる頃には、秋が深まっていた。

ニコラ教授との共同研究

ニコラ教授とブーディエ教授とは、翌年の冬も一緒にオマーン国に行ってオフィオライト岩体の調査をした。そして、その年の夏も岩石の面だし作業をした。留学した二年間、学部生のようにひたすら岩石を切って、構造姿勢を測定し、薄片をつくるための切り出し作業を続けた。こんな単純作業がマントル研究になるのかとの疑念もあった。しかし、帰国してマントルを本格的に研究するための設備をそろえたとき、留学中に担当したモンペリエ大学での基礎的な修練が大いに役立った。

二〇〇〇年にニコラ教授たちの二度目の特集号が『海洋地球物理研究（Marine Geophysical Research）』誌に掲載された。この特集号のメインは、一九八一年から続けられてきたアラビア半島東端部のオフィオライトの全体構造図である。そこには、協力者として私の名前も記されている。さらに特集号には、留学を終えて静岡大学で書いた私の論文（ニコラ教授との共著）も掲載された。面だし作業から得られた構造データをもとに、中央海嶺直下のマントル対流について議論した内容だ。

マントル研究が本格的に始まった。

2　マントルまで掘れるかも――深海掘削計画

北海道様似町で国際レルゾライト会議

カンラン岩は、カンラン石を四〇パーセント以上含む岩石として定義される(図8)。カンラン石は、その結晶の色がオリーブに似ていることからオリビン(Olivine)と名づけられた鉱物だ(和名のカンランも植物の名に由来する)。地球の体積の約八割を占めるマントルは、基本的にカンラン石を主とした緑色のカンラン岩の成分で構成されている。

さらに、カンラン岩は、カンラン石、直方輝石、単斜輝石の三鉱物の量比によって、レルゾライト、ダナイト、ハルツバージャイト、ウェールライトに区分される。レルゾライトはカンラン石以外に直方輝石と単斜輝石をともに一定以上含むカンラン岩であり、マントルの主要物質と考えられている。

国際レルゾライト会議は、四年に一回程度の頻度で世界各地のカンラン岩体近くで開催される、マントル研究者が集結する国際研究集会。折しも二〇〇二年の会議が、幌満《ほろまん》カンラン岩体に近い北海道様似《さまに》町で開催され、本格的なマントルの研究集会に初めて出席する機会となった。

この会議で、留学先のモンペリエ大学で始めたオマーン国のオフィオライトで採取したカンラン岩の結晶方位解析の発表をした。まだ試行錯誤の研究内容だったのであまり自信がな

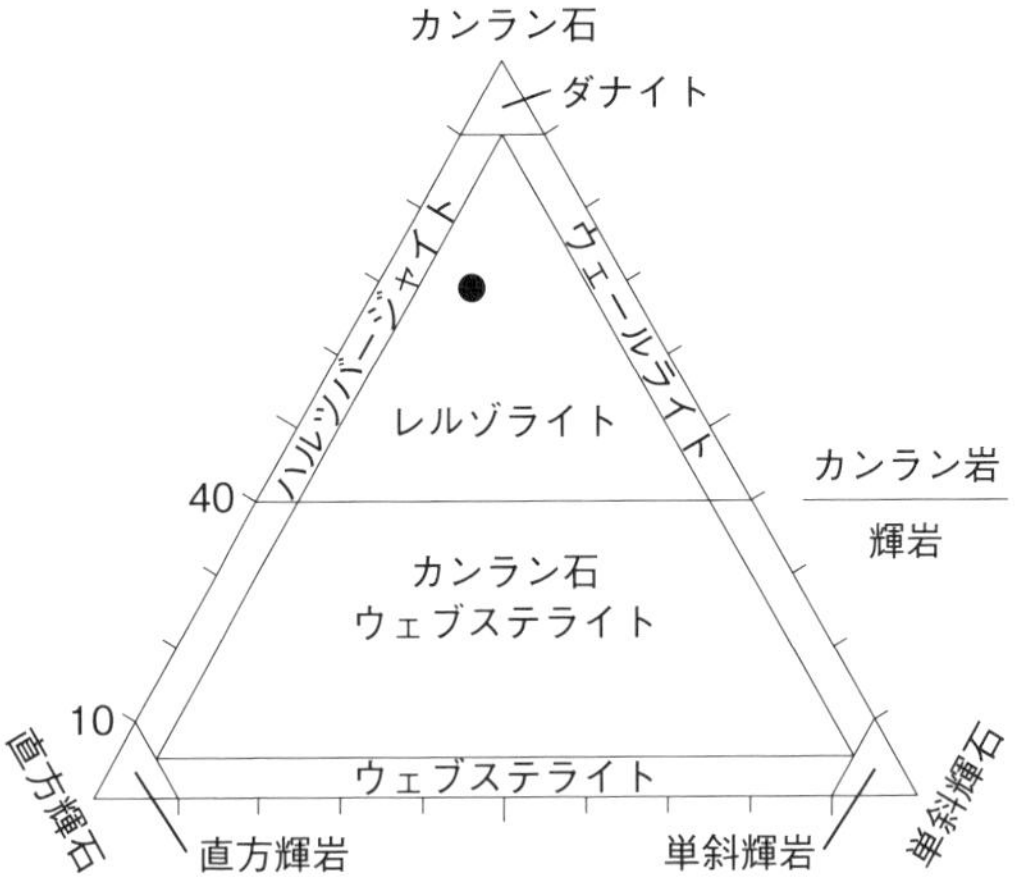

図 8　カンラン岩の分類図．頂点を 100% として 10% ごとに目盛りが刻まれている．カンラン石を 40% 以上含むのがカンラン岩．40% 以下は輝岩．カンラン岩はレルゾライト，ハルツバージャイト，ウェールライト，ダナイトに分類される．レルゾライトはカンラン石の他に直方輝石と単斜輝石をそれぞれ 5% 以上含み，ダナイトはカンラン石を 90% 以上含む．ハルツバージャイトは単斜輝石を 5% 以下しか含まず，ウェールライトは直方輝石を 5% 以下しか含まない．図中の●の点ではカンラン石が 70%，直方輝石が 20%，単斜輝石が 10% ということになる．カンラン石は緑色，直方輝石は濃緑色，単斜輝石は青緑色をしている．カンラン石の含有量の多いカンラン岩は鮮やかな緑色を呈す．

かったが、発表後に温かい拍手をもらえて安堵した。

会議の翌日、幌満カンラン岩体の巡検(現地観察)があった。幌満川に入って案内された場所は、新鮮な状態が保たれたカンラン岩の露頭だ。足下には、修士一年の夏休みに初めて見た緑色のカンラン岩でできた砂利がある。緑色を呈するカンラン岩を目にして、改めてこれこそがマントルだと思った。

世界の研究者が訪れたいと思う岩体

幌満カンラン岩体は、世界有数の状態のよいカンラン岩として知られており、世界中のマントル研究者が一度は訪れたいと思う場所だ。幌満カンラン岩は、まさにマントルの模式地(学問的に基準となる場所)。マントル研究をやるなら、様似町に来て、カンラン岩を見ないと始まらない。私が最初に手にしたカンラン岩は、オマーン国のオフィオライトの真っ黒い(蛇紋岩化した)岩石だったので、幌満カンラン岩がさらに輝いて見える。

カンラン岩は、地下深くの高温高圧下で水と反応すると蛇紋岩という黒っぽい岩石に変わる。地表で見られる岩石のなかで、厳密にカンラン岩としてよいものは、幌満カンラン岩くらいで、その他は蛇紋岩だ。そのため、地質図では、蛇紋岩とカンラン岩を区別しないで、その化学組成から総称して超苦鉄質岩(または超塩基性岩)として区分される。ただし、カンラン岩も他の岩石同様に風化に弱く、幌満カンラン岩でも表面は黄色く変質していることが多い。ロックハンマーで割ってはじめて緑色を呈したカンラン岩が現れる。一方、幌満川には流水に洗われたままさにピカピカなカンラン岩の小石が宝石のように散らばっている。

しかし、である。幌満カンラン岩は、地表付近の地殻に含まれるものだから、マントルそのものではない。元マントルだ。本物のマントルを見たい、直接カンラン岩を採って研究したいという思いが、研究を進めながら大きく膨らんだ。

カンラン岩で焼いたバーベキュー

様似町には、アポイ山荘という上皇夫妻も宿泊された立派な宿泊施設がある。その大浴場の野天風呂がカンラン岩の岩風呂になっているのはおそらくここだけだろう。さらにアポイ山荘の横に、アポイ岳調査研究支援センターという名で全国に知られる、アポイ岳周辺を調査する研究者が格安で泊まれて自炊もできる宿舎があった（二〇二二年に荒天で被害にあって現在は残念ながら閉鎖）。二〇〇二年の国際レルゾライト会議では、国内の学生・大学院生の宿舎だった。

二〇〇五年の夏休み、静岡大学理学部地球科学科の二年生を対象として、同僚の生形貴男博士とサティッシュ・クマール博士の三教員で北海道巡検を初めて実施する。五日間の日程のうち、前半を様似町の幌満カンラン岩体周辺、後半を三笠市のアンモナイトを含む化石見学とした。

様似町ではアポイ岳調査研究支援センターに宿泊する。このとき、地元の有志の集まりであったアポイ岳友の会が、バーベキューをして我々一行を歓迎してくれた。このバーベキューでは、板状に整形したカンラン岩を鉄板代わりに炭火で熱して焼き肉や焼きそばを調理した。このカンラン岩焼きが美味かった。古生物学者の生形博士が、胸ポケットから小さなアンモナイト化石を取り出しカンラン岩の上で〝焼いた〟。教員も学生も友の会の皆さんも、大いに楽しんだ夜だった。

アポイ岳友の会の活動は、アポイ岳ジオパークに発展した。今でも幌満カンラン岩体の調査や実習に行くと、温かく迎えてくれる人たちがいる。

マントルの流れ――クリープとレオロジー

マントルはゆっくりと流れている。ゆっくりと動くことをクリープという。ちなみにオートマチック自動車でドライブ・レンジやリバース・レンジに入っているとき、アクセルペダルを踏まないのにゆっくりと動く現象もクリープ現象として知られている。地球深部のマントル対流は、このクリープの究極の状態だ。地球内部でおきているマントル対流では、数千キロメートルの距離を数千万年かけて（自動車だったら止まっているようにしか見えない）、ゆっくりとした速度でカンラン岩が動いて（クリープして）いる。

カンラン岩はとてもキレイだが、手にすると冷たく硬く重たいので、マントルでゆっくりと流れていた様はとても想像できない。しかし、カンラン岩はマントルでクリープした痕跡を鉱物結晶の一センチメートルに満たない組織に記録している。

カンラン岩の主な鉱物はカンラン石であるが、その他の少量の鉱物（直方輝石、単斜輝石、スピネル、斜長石、ガーネットなど）の形や配列（数ミリメートルくらいのサイズ）を丁寧に観察すると、特定の向きになんとなく揃っている様子（定向性）が見えてくる。しかし、この定向性は慣れないと見分けられない。慣れていたとしても、簡単には見分けられるものでもない。これらの鉱物のかすかな定向性は、カンラン岩の内部で面状になっている。これを面構造（Foliation）とよぶ。さらに、面構造上でも鉱物のかすかな定向性が見られ、これを線構造（Lineation）とよぶ。この線構造も知識があっても簡単には見分けられないほどにかすかなものだが、マントルでゆっくりと流れていた（クリープした）向きを表わす痕跡である（図6参照）。

物質がどのように流れるのか解き明かす学問分野をレオロジー（Rheology）という。レオロジーは流動学と訳され、一般に物質の変形と流動に関する科学として区分される。レオロジーは、様々な物質に力が加えられた際の流動現象や変形作用を研究するので、対象は幅広い。日本レオロジー学会という専門学会もある。地球科学分野に限っても様々な対象（岩石やマグマなど）があるが、カンラン岩のレオロジーはマントルのゆっくりとした流れ（クリープ）を理解しようとする分野である。

地球に関するレオロジー研究は比較的マイナーな分野で、レオロジー全体としてもあまり知られていない学問領域というのが正直なところだろう。しかし、マイナーであっても面白い。冷たく動かないカンラン岩からマントル対流の痕跡を見つけて、誰も見たことのない地球内部のレオロジーを明らかにする研究はとても魅力的だ。

地球リサイクル：物質の大循環

幌満カンラン岩はとてもキレイなだけでなく、地表に現れたマントル物質である。しかし、なぜマントル物質がアポイ岳のような山になっているのだろうか。少なくとも地下数十キロメートルの深さから地表に上昇してきたことは間違いない。

地表は卵の殻のような地殻とよばれる岩石で覆われている。しかし、卵の殻とは異なり、数十枚のプレートという岩板に分かれ、それぞれ水平に動いている（図9上）。その結果、隣り合うプレートは、離れる、すれ違う、ぶつかるの三つのうちのどれかに当てはまるような動きをする（図9下）。

隣り合うプレートが離れていく発散境界は、中央海嶺という海底山脈である。太平洋では東太平洋海膨、大西洋では大西洋中央海嶺、インド洋では中央インド洋海嶺、南西インド洋海嶺、南東インド洋海嶺、北極海ではガッケル海嶺などとよばれる地形が中央海嶺だ。

これらの中央海嶺の地下深部では、マントル物質であるカンラン岩はゆっくりと動いて（クリープして）上昇している（図5参照）。そして、中央海嶺に近づくとマントル深部から流れ

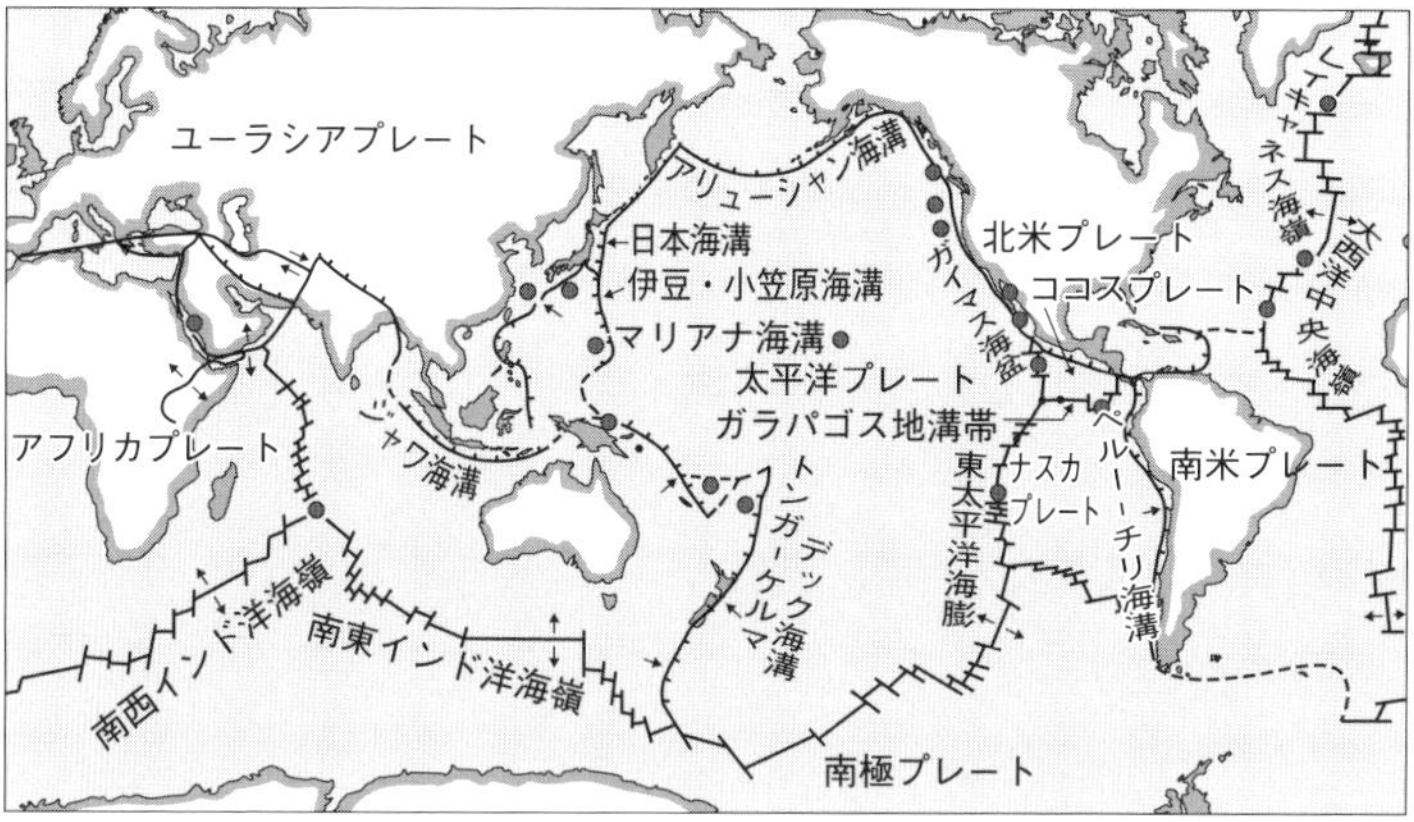

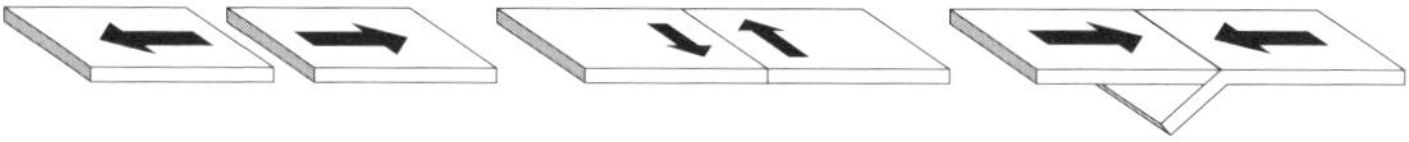

図 9　地球のプレート境界(上)と 3 種類のプレート境界の動き(下).

てきたカンラン岩は不安定になって一部が溶けてマグマに変わる。このマグマが中央海嶺のすぐ下に溜まってマグマだまりが形成され、中央海嶺から噴出して玄武岩を形成して海洋地殻となる。こうして新しい海洋プレートが誕生する。

隣り合うプレートがすれ違う横ずれ境界は、巨大な横ずれ断層となっていて、特別にトランスフォーム断層とよぶ。

隣り合うプレートがぶつかる収束境界では、片方がもう片方の下に沈み込む。沈み込む境界は、海溝という地球表層で最も深い溝となっている海底地形である。日本列島の太平洋側に多くあり、千島・カムチャツカ海溝、日本海溝、伊豆・小笠原海溝、相模トラフ、南海トラフ、琉球海溝という。この海溝からプレートは沈み込んでいる。しかし、プレートに陸地があると衝突合体して山が造られて大陸になる。陸地がなくても、稀に沈み込まずに乗りあげる場合もある。私が最初に調査したオマーン国のオフィオライトは沈み込まずに乗りあげたプレートの断片である。幌満カンラン岩体は、沈み込んだプレートが裂けて、もう片方のプレートに乗りあげた断片だ。

プレートは中央海嶺で誕生した後、水平に移動していく。プレートの移動速度は、プレートごとに違っている。移動速度は一年間で数センチメートルから約一〇センチメートルくらいである。一年間で数センチメートルの速度は爪が伸びる速さくらい、約一〇センチメートルの速度は髪が伸びる速さくらいだと思えばちょうどよい。現在の地球表層で最も古いプレートは太平洋プレートだ。

日本列島に近いその西縁に約二億年前に誕生した記録が残されている。このことから、プレートは誕生してから海溝で沈み込むまで数億年かかることがわかる。これが惑星地球の物質大循環を成す岩石循環である(図10)。

また、地球表層の七割は海洋なので、ほとんどのプレートは海水で覆われている。そのため、海底からプレートに水が浸透する。浸透した水は、海溝から沈み込んだプレートがマントル深部で暖められると脱水してウェッジマントル(沈み込んだプレートの上側に位置するマントル。図5参照)に移動し、マグマに溶け込んで島弧の火山活動を介して地表に戻る。これが、惑星地球のもう一つの物質大循環を成す水循環である(図10)。私はこれを地球リサイクルとよんでいる。

地球リサイクルを駆動しているのがマントル対流、つまり地球のクリープ現象であり、その痕跡がカンラン岩の構造として残されている。

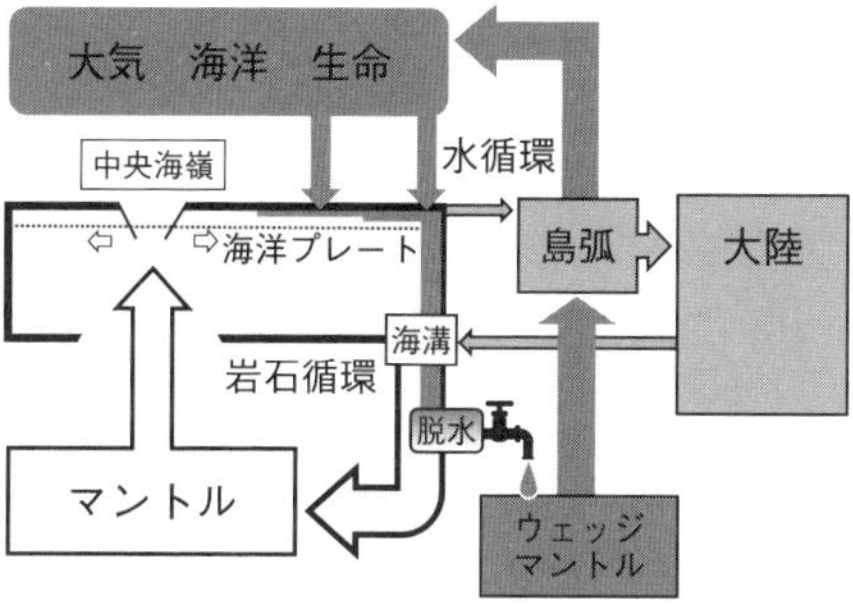

図10　地球リサイクルの模式図.

私たち人類は、未だにマントルに到達したことがない。だから、地球リサイクルのスタート地点といえる中央海嶺の深部マントルからマグマが生成されて海洋地殻が作られる様子を直接見たことがない。けれども、マントルの上昇流とマグマから海洋地殻が形成される様子はオマーン国のオフィオライトに残されている。これがオフィオライトを研究する大きな動機である。

フランス留学時代、アラビア半島のオフィオライトの調査中に、ニコラ教授は、夜のキャンプ地で焚き火を囲んで葉巻タバコを吹かしながら、オマーン国のオフィオライトは中央海嶺の拡大系がそのまま保存されている素晴らしい岩体だと繰り返し語ってくれた。オマーン国のオフィオライトの調査研究を続けながら、ニコラ教授の言葉をかみしめつつも同時に、その起源と考えられた海洋底のカンラン岩そのものを研究したくなった。

地球の表層は陸上と海洋に分けられるが、七割以上が海洋である。地質学は、地表に露出する物質について、その特徴と成因を明らかにする学問だ。しかし、わずか三割に満たない陸上のごく一部にだけ露出した断片の研究だけで、地球リサイクルのすべてを理解できるのだろうか、と考えるようになった。海洋底のカンラン岩はどうなっているのだろう、オフィオライトと同じカンラン岩なのだろうか。幌満カンラン岩はとてもキレイだけれど、本当にマントルはキレイなカンラン岩なのだろうか。

海底にマントルまで通じる道がある。そんな思いを抱くようになった。

深海掘削計画のはじまり

国際レルゾライト会議が北海道様似町で開催された二〇〇〇年代初め、海洋研究開発機構が、最新鋭の科学掘削船の建造計画を進めていた。現在の地球深部探査船「ちきゅう」である。この科学掘削船とともに、日本は、欧米と協力して二〇〇三年から新しい深海掘削計画(International Ocean Drilling Program：国際深海科学掘削計画、ＩＯＤＰと略す)を立ちあげようとしていた。

深海掘削計画は、世界中の深海底の科学掘削を行なう国際共同研究プログラム。その歴史は古く、最初の掘削航海は一九六八年まで遡る。米国が導入したグローマーチャレンジャー号は、一九六八年からの八年間で約七〇万キロメートル、すなわち地球を一七周半回るほどに世界中を航海した。そして、最深七〇〇〇メートルの深海底を含めて六二四カ所で一〇五三回掘削し、総長約九七キロメートルにおよぶ堆積物と岩石を海洋底から掘り出した。

米国主導の下で世界中の研究者が参加して実施された最初の深海掘削計画では、プレートテクトニクスの根幹ともいえる海底拡大説を検証した。そして、地球表層の約七割を占める海洋について、最も古い海底でもわずか二億年前までのプレートしか存在しないことを明らかにした。今では当然のように教えられている「海洋底は、中央海嶺で生成されながら同時に海溝で沈み込んでいる」という事実(地球リサイクル)は、深海掘削計画によって立証された。壮大な地球観が確立されたのだ。

図11　ジョイデスレゾリューション号(2014年8月3日，横浜港).

その後、一九八五年から登場したジョイデスレゾリューション号(図11)は、掘削しながら船上で堆積物や岩石の分析を可能にした科学掘削船。常に改造を重ねることによって、深海底から掘り出した堆積物の時間分解精度を高めており、現在の地球温暖化をはるかに凌ぐ白亜紀の超温暖な時代からその後の寒冷化した時代までの環境変動の解読、プレートの沈み込み帯における付加体(深海性堆積物が沈み込まずに大陸側に貼り付いたもの)の形成プロセスの解明、さらに掘り出した堆積物や岩石中に微生物を見つけて地下生命圏を明らかにするなど、海洋底から幅広い分野の科学的理解を推し進める。

そして二〇〇五年、先端的な分析が可能な実験室を有する地球深部探査船「ちきゅう」が登場する。「ちきゅう」は、南海トラフの地震発生メカニズムの解明と地震観測網の高度化、地下生命圏の深部分布の解明、さらには、東日本大震災を引き起こした日本海溝の巨大地震と津波発生メカニズムの理解を加速させた。

深海掘削計画は、これまでに科学掘削船を運用しながら、生命を育む水惑星地球の二億年前までの表層環境変動を解き明かす、重要な成果を出し続けている。

科学掘削コミュニティに加わる

ＩＯＤＰと並行して、大学と国立研究機関が中心となった日本地球掘削科学コンソーシアム（Ｊ－ＤＥＳＣ）が、海洋底と陸上を含む地球全体の掘削科学の推進や各組織・研究者の連携強化を目的として、二〇〇三年二月二二日に設立される。

私は、一九九九年八月にフランス留学から帰国した後、オマーン国のオフィオライトの研究を続けながら、日本列島周辺のカンラン岩捕獲岩（マグマが上昇する際に取り込んだ岩石）の研究を始めていた。しかし、当初は科学掘削にはまったく関与していない。

Ｊ－ＤＥＳＣの設立を契機として、当時所属していた静岡大学理学部地球科学科も参加することになり、二〇〇三年六月からは私自身もJ‐DESCの下位組織であるIODP部会の地球内部専門部会の委員になる。正直に言うと、私は科学掘削船に乗船した経験がなかったので、専門部会で議論される内容を最初はほとんど理解できず、堅苦しい気分が強かった。幸運なことに、専門部会の委員に東京大学ポスドク時代から交流があった海上保安庁の小原泰彦博士がいた。委員会後の会食で小原博士から話を聞いて、少しずつ掘削科学と海洋底研究の動向について学んだ。

おまえが乗らなくてどうする？

二〇〇三年から始まったIODPでは、アメリカ主導のジョイデスレゾリューション号が継続して運用される。ジョイデスレゾリューション号は、太平洋、インド洋、大西洋を巡りながら、研究者グループによる掘削提案書にもとづいて選定された深海底の掘削候補地に、それぞれ二カ月間留まって科学掘削を行なう。

ある日、当時大学の隣の部屋にいた海野進教授から「道林さん、二〇〇五年に実施される第三〇五次航海に参加したら？」と誘われる。第三〇五次航海は、北大西洋北緯三〇度の中央海嶺に位置するアトランティス岩塊（Atlantis Massif）という名のメガムリオン地形を、第三〇四次航海と含めた四カ月間で一〇〇〇メートル以上掘削する計画だ。

メガムリオンとは海底にマントル物質などが露出してできたドーム状の隆起地形のことで、

当時、アメリカの研究者が、この岩塊の物理探査(地震波を観測して岩塊内部の構造を探ること)をもとに、海底から五〇〇メートルあたりの深さにマントル物質のカンラン岩があると報告していた。第三〇四/三〇五次航海は、世界で最初のマントル掘削として歴史的なものになる見込みだった。

海野教授は、マントル物質が世界で初めて採取できる千載一遇のチャンスなのに「(マントル研究者として)この航海に行かなくてどうする」と発破をかけてくれたわけである。「確かにそうだよな」と思って、掘削計画の具体的な内容について、あまり理解しないまま乗船研究者に応募する。幸い、J-DESCからの推薦が得られて、最終的に第三〇五次航海への乗船が認められ、二〇〇五年一月一一日から三月三日までの二カ月間、真冬の北大西洋の真ん中で船内生活することになった。

乗る前から船酔い

私は船に弱い。海洋関係の研究者は専門分野にかかわらず船酔いに強い方が多い。ただし、例外も少なくない。金沢大学の荒井章司教授は、船酔いがひどく、かつて死ぬ思いで研究航海に参加したという。なにかの学会で荒井教授に「ブランコで酔ったことがあるか?」と聞かれたことがある。ブランコで酔う人は、船にも弱いそうである。子どもの頃にブランコに乗って遊んでいて酔った記憶はなかったが、なんとなく不安だった。

風で強く揺れる飛行機が、北大西洋の真ん中に浮かぶアゾレス島に到着したのは、もう日が暮れた後だった。日本人研究者は私を含めて八名。翌日は快晴で、アゾレス島の地質を乗船研究者一同で見学した。

科学掘削船ジョイデスレゾリューション号は大きい。しかし、船酔いの心配はもっと大きい。乗船手続きをした後、出航前の一時を楽しむために、同じく乗船した小原博士と海洋研究開発機構の阿部なつ江博士と港のカフェに入った。小原博士は首席研究者として乗船しており、これまでに何度も乗船経験があった。付け加えると、東大ヨット部の出身だ。阿部博士も船酔いしないそうで、ジョイデスレゾリューション号の掘削航海は二回目だ。カフェでは、これから二カ月間、飲酒禁止の科学掘削船に乗船することもあって、お二人ともビールを注文した。彼らが美味しそうにビールを飲んでいる横で、私はこれから乗船するプレッシャーから、コーヒーを飲む。

どうしてビールを飲まなかったのだろうと、今から振り返ると不思議な気がするが、一度酔ったらずっと酔っていそうに思えた。それほどにビビっていた。

初めての掘削航海が始まる。

水平線を見る毎日

アトランティス岩塊に到着し、いよいよ本格的な掘削だ。海底一六五六メートルまで掘削

図12　掘削コアを濡らしながら観察する構造班．左から筆者，ハビエ，アンジェラ，グンター(2005年1月19日)．

用のパイプを下ろし、先端の掘削用ドリルを回転させながら掘進《くっしん》していく。一〇メートル程度掘進するたびに、パイプに残る円柱状の岩石コアを回収する。ここからが研究者の仕事だ。

はじめに、円柱状の岩石コアをそのままの状態でロガーとよばれる計測機に通して、抵抗値、密度、弾性波速度などの物性値の連続データを計測する。その後、岩石コアは半分に切断される。研究者は分担して、この半割された岩石コアの表面を順次記載していく。役割は、鉱物種や組織をもとに岩石名を決める岩石班、岩石の変形の程度を見積もる構造班、岩石コアの一部を船内で分析する化学班、同じく岩石コアの一部を船内で計測する物性班、岩石内の微生物を調べる生物班に大きく分けられる。各班はワッチとよばれる一二時間の交代制に置かれる。

私のワッチは、午前八時から午後八時までの構造班だ。活動時間帯としては、一番よい。他に、スペイン人のハビエ・エスカルティン(Javier Escartin)、ドイツ人のグンター・スール(Günter Suhr)、イギリス人のアンジェラ・ハーフペニー(Angela Halfpenny)の三人と一緒だ(図12)。ハビエと私は岩石内の破壊などの脆性《ぜいせい》変形による組織と構造、グンターとアンジェラはクリープして塑性《そせい》変形した岩石内の組織と構造の記載をそれぞれ担当する。

深海底から回収されるすべての岩石コアの記載を課せられるので、かなり忙しい。おまけに船酔いも当然のごとく続いているので、記載作業自体も相当に苦痛だ。辛そうな様子を心配して、ハビエが、クッキーのような乾き物を食べて胃を落ち着かせること、船外で水平線を眺めるとよいことを教えてくれる。それから二カ月間、少しでも時間が空くと、天気のよい日は、クッキーを食べながら水平線を見て過ごした。

冬の北大西洋は、強い低気圧に覆われていて波が高い。乗船前から船酔いしていた私は、抗うことなどできるはずもなく、ミーティングとワッチ以外はほとんどベッドに横たわって過ごしていた。当時のジョイデスレゾリューション号は、食堂が船底近くにあって、階段を下りていくのが憂鬱になる。一方、ミーティングルームは最上階にあり、最も揺れを感じる場所なので、階段をあがるのも憂鬱になる。エンジン音なのか空調の音なのか、船内は常にノイズがあって、静かな環境はどこにもない。

しかし不思議なことに、船酔いを除けば、狭い船内の環境に次第に慣れていった。食事も洗濯も船側のサービスだったので、普段の生活よりも快適に思えるところもあった。すべては、研究者がワッチで担当する掘削コアの分析に専念してもらうための配慮だ。

「ＩＯＤＰ、すごい！」と思った。

船上の大混乱

第三〇五次航海では、第三〇四次航海の掘削地点をさらに掘進する。掘削深度が三〇〇メートルを超えて、マントル物質への到達が予想された深度に日に日に近づいていく。新しい岩石コアが回収されると、研究者たちはデッキに出てきて回収作業を見守る。皆できるだけ早くどのような岩石コアがどのくらい採れたのか確かめたいのだ。

一般に基盤岩の回収率(掘削した深さに対して岩石コアが得られた長さ)は二割程度とあまり高くないが、この航海の回収率は八割以上だ。特に塊状のハンレイ岩という海洋地殻下部を構成する岩石の回収率がよかった。おかげで、半割した岩石コアの記載に忙しいが、もうすぐ新鮮な(状態のよい)カンラン岩が回収されるはずと、期待が高まる。

ところが、掘削深度が六〇〇メートルを超えてもカンラン岩は出てこない。研究者の戸惑いはさらに大きくなり、掘削地点を移動すべきではとの議論が湧きあがった。事前調査ではすでにマントルに入っている掘削深度のはずなのに、どうしてカンラン岩がでてこないのだ、何かが間違っているのではないか、掘削地点がよくないのではないかと、最上階のミーティングルームにおける会議は白熱した。特に岩石班の研究者は、ほぼ全員がカンラン岩の専門家で、戸惑いが大きかった。

会議を取り仕切る首席研究者の一人は、モンペリエ大学の留学時代に世話になったブノワ・イルデフォンス博士だ。ミーティングでの岩石班や化学班の報告では、ハンレイ岩の分析によるとマントルに近い位置の岩石種に変化しているとのことなので、ブノワはさらに深く掘進することを提案した。掘削地点の移動を訴える研究者もいたが、結局、さらに掘進することに決まる。しかし、その後も岩石コアが回収される度に、カンラン岩ではないことを確認してため息をつく日々だった。

私はというと、初めての研究航海で研究目的も曖昧で、船酔いに耐える日々だったし、マントルのカンラン岩を目にするのは楽しみだったが、ずっと掘削しているハンレイ岩でも面白かった。

マントルはなかった

一四一五メートルまで掘進したところで時間切れとなる。結局、カンラン岩は見つからず、すべてハンレイ岩だった。ハンレイ岩の岩石学的特徴が途中から地殻浅部で形成される岩石種に変わり、期待は消えて失望が広がる。もしかしたらという期待はかすかにあったが、最後までハンレイ岩だった。マントルはなかった。

航海終了後、地球物理学者によって物理探査データを再検討した論文が二〇〇八年に発表される。再解析したところ航海前の結果とは異なり、マントルはもっと深いとの報告だった。「なんだそれ」と思う。地球深部は物理探査でしか観測できないが、もしかしたら私たちの理解と実際のマントルは違っているのかもしれない。
未踏のマントルについて、本当の真実を知る日がくるのだろうか。

掘削コアの共同研究

乗船一カ月が過ぎた頃、船内生活に慣れてくるに従って、何を研究テーマにすべきか悩むようになる。そんなある朝、明らかに断層岩とわかるハンレイ岩があがった（コラム1参照）。「これっきゃない」と研究テーマを即決する。そして、担当作業の合間に、残りの時間をこの断層岩をいろいろと観察しながら、今後の研究方針をアレコレと考えて過ごす。回収された断層岩のハンレイ岩に関する論文の半分程度は船内で書いたのだが、新しい分野で研究背景をうまく書けない。幸い、構造班でチームを組んだハビエはこの分野で世界的に活躍する若手研究者で、船上でアレコレと助けてくれた。おかげで次第に背景を理解できるようになり、それは論文以上の収穫になった。

航海の後、第三〇四次航海に乗船した京都大学の廣瀬丈洋博士が断層岩の透水係数（岩石内の水の通りやすさ）を測定してくれた。さらに、一緒に乗船した岡山大学の野坂俊夫博士が断層岩の主要鉱物の化学組成から平衡温度（鉱物が地下深部に存在していたときの温度）を求めてくれた。船内で書き始めた論文の後半部分は、このお二方が協力してくれたものである。共同研究って、こうやってするものなのかと実体験した研究航海だった。

論文が二〇〇七年に『地球惑星科学レター(Earth and Planetary Science Letters)』という国際学術誌に掲載されたとき、乗船研究者として役割(義務)をよい形で果たせたので、ちょっと気分がよかった。とはいえ、論文の落としどころには苦慮した。この類の研究は、始めるのはたやすいが、まとめるのは大変である。しかし、掘削航海では当初の計画通りにいかないことも多く、現場で直感した研究テーマは面白かったし、論文をまとめながら得たものも貴重だった。

コラム1 ◉ 断層岩

中央構造線の近くに分布するマイロナイトという断層岩の一種が卒業研究のテーマだった。中央構造線は、ナウマンゾウで有名なナウマン博士によって名づけられた、日本列島の関東から九州までをほぼ東西に横切る日本最大の断層帯である(図13)。

マイロナイトは、地質学の発祥の地と言ってもよいイギリス連邦のスコットランド高地の北西部に位置するモイン衝上《しょうじょう》断層(下層の地層に対してゆるやかな角度で乗り上げる断層)で一九世紀に発見された。その名前は、一八八五年一〇月八日発行の『ネイチャー(Nature)』誌のニュース記事において、断層運動によって粉々に砕けた変成岩に対し、「粉砕(mill)」のギリシア語「mylos」を語源としてマイロナイト(Mylonite)と命名された

図 13　日本列島を横切る断層帯は構造線とよばれる.

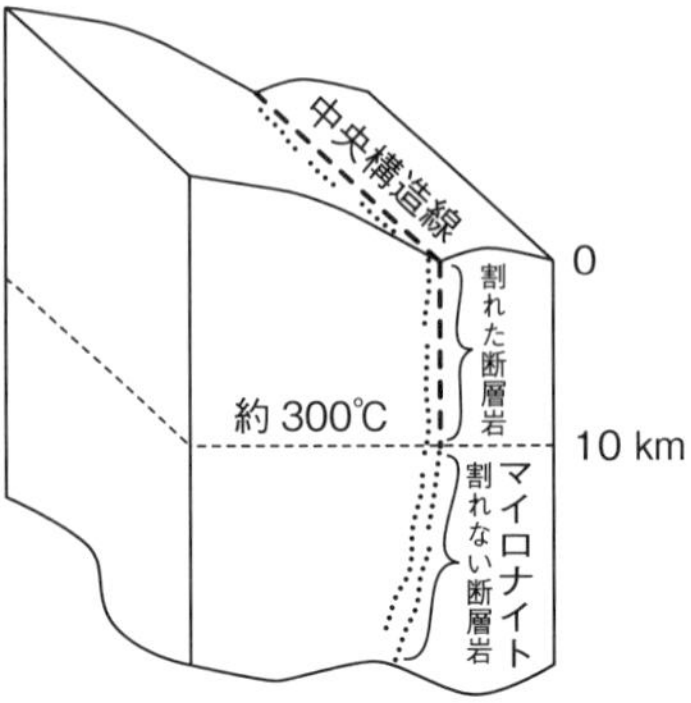

図 14　マイロナイトは断層深部で形成される.

（図14）。

断層岩には割れて形成されるものと割れないで形成されるものがある。このうちマイロナイトは、（花崗岩の場合には）地下深部の温度三〇〇度以上の環境で断層運動に関連した力をうけて割れずに流れて（クリープして）変形することによって形成される。

岩石が割れずに流れる！　静岡大学時代の恩師の増田俊明先生から最初にマイロナイトの解説を受けたとき、正直なところ、何を言われているのか理解できなかった。鵜呑みにするには、目の前の岩石は硬くて冷たい。地球深部の世界は、どうやら地表での自然現象とはまったく違う世界のようだと学ぶ。

マイロナイトは花崗岩に限ったものではなく、断層岩の一種としてハンレイ岩やカンラン岩にもみられる。掘削航海で研究した断層岩は割れて形成されたものである。ちなみにマントル対流していたカンラン岩は、ゆっくりと流れて（クリープして）いた割れない断層岩と考えられるので、卒業研究からの知識と経験は今でも大いに役立っている。

国際会議は同窓会

科学掘削は国際共同プロジェクトである。そのため、国内学会の研究発表だけでなく、国際会議に出席して研究成果をアピールする必要がある。海洋底掘削科学を含む海洋底科学の主な舞台は、アメリカのサンフランシスコで毎年一二月に一週間開催されるアメリカ地球物理学連合大会（American Geophysical Union Meeting：AGUミーティングと略す）だ。敷居は高いが、一大決心して、二〇〇五年一二月のAGUミーティングに初めて参加した。

一二月のサンフランシスコはクリスマスシーズンで、さらに活気に溢れていた。時差のため、日本時間の昼間が夜で、夜中が昼になる。会場で研究発表を聴きながら気を失うことが何度もあった。なんとか夕方まで会場で過ごした後は、サンフランシスコ市内で夕食をとり観光した。

時差のために、夕方から真夜中に向けて目が冴えてきて夜の会食が楽しい。一方、午前中の発表を聴きたいと思っていた木曜日、目覚めたときは午後二時を回っていた。慌てて支度して会議場に向かったが、その日の発表はほとんど終わっていて後悔する。その時から、AGUミーティングに参加するときは、できるだけ他の参加者と相部屋にして、夜の会食もほどほどに控えるようになった。

二〇〇五年一二月のAGUミーティングでは、同年三月三日に下船して別れた世界中の研究者に九カ月ぶりに再会した。まだ記憶も新しく、まるで同窓会のように互いに再会を喜んで、国際会議に参加してよかったと心から思う。もちろん、それだけではない。AGUミーティングの発表は、学術論文として発表されたばかりの最新の研究から近々学術論文として発表予定の研究まであって、帰国後に講演を聴いた新着論文を読むのが楽しい。さらに、会場で私の論文を読んだことがあると声をかけてもらえるのもすごく嬉しい。二〇〇五年以来、予算が許す限り、できるだけAGUミーティングに参加するようになった。

深海底地質学をスタート

アトランティス岩塊における第三〇五次掘削航海を終えてアゾレス諸島の港までの回航中に、ヤスさん（航海中は英会話が基本だったので、年齢の近い小原博士といつの間にか、ヤスさん、カツさんと呼び合うようになった）とフィリピン海のゴジラメガムリオンについて議論する機会があった。ゴジラメガムリオンは、アトランティス岩塊と同じように海底にマントル物質などがドーム状に隆起した地形（メガムリオン）である。ただし、他のメガムリオンの大きさが数十キロメートル程度なのに対して、ゴジラメガムリオンの大きさは一〇〇キロメートルを超える。その巨大さから、よく知られた怪獣映画にちなんでゴジラメガムリオンとよばれるようになった。ちなみに、二〇二三年二月からゴジラメガムリオンは正式な海洋底地形の名称である。

乗船前は中央海嶺近辺の地形の形成過程やテクトニクスについて曖昧な知識しかもっていなかったが、乗船中の二カ月間に理解が進んで全体像がかなり整理されていた。これまでヤスさんからはゴジラメガムリオンについて何度か説明されていたが、いくつか不運も重なってゴジラメガムリオンの研究は立ち消えになっている。

しかし、アトランティス岩塊の掘削航海に参加して、メガムリオン地形を理解し、その研究に心から興味を抱いた。北大西洋はアメリカとヨーロッパの間に位置することもあり、掘削航海中も欧米研究者の熟知ぶりにアウェイ感が強く、とても同等以上の研究成果を出せる気がしない。だから、ホームに近いフィリピン海のゴジラメガムリオン研究に海洋底研究として高いポテンシャルを感じた。

ゴジラメガムリオン研究を一緒にする相手として白羽の矢を立てたのが、当時修士一年だった針金由美子さん。針金さんは、その後、私の研究室で博士号を取得し、現在、産業技術総合研究所地質情報研究部門の研究者として活躍されている。

針金さんは、当時、修士研究のテーマを絞り込めずにいた。そうでありながら積極的に調査航海のアルバイトに応募して船酔いもしないで楽しんでいた。私が掘削航海で留守中には、研究室の最年長として後輩学生たちの面倒をみてくれた。こうしたことから、もしかしたらゴジラメガムリオン研究が合っているかもしれないと思った。

針金さんに説明すると、すぐに興味をもってくれた。そして、彼女が修士二年になったばかりの二〇〇五年四月に、途中で路地に迷い込みながら東京都中野区にあった東京大学海洋研究所(当時)に公用車で出かけ、現地で待ち合わせしたヤスさんからゴジラメガムリオンの岩石試料をうけとった。その場で元カンラン岩らしき小さな断層岩のかけらを確認したとき、これはいけると直感した。

こうして深海底地質学が本格的に始まった。

3 海溝の底でマントルを採りたい

マントルに近づけるとしたら

日本地球惑星科学連合(Japan Geoscience Union：ＪｐＧＵ)は、五〇の学協会と一万人規模の会員数を誇る地球惑星科学関連の公益社団法人である。一九九〇年に関連五学会の合同大会として開始されて、二〇二〇年に創立三〇周年を迎えた。大会への参加者は年ごとに増加し、二〇〇三年から千葉の幕張メッセの国際会議場で開催されるようになった。国際会議場は広く、それまで以上に活気がある。

二〇〇三年五月、幕張メッセの国際会議場の一室で口頭発表を聴きながら、オフィオライトのように陸上に露出したマントルの〝断片〟だけでなく、地球深部に位置するマントルを直接研究したいという気持ちが強くなった。

どうしたらできる? オフィオライト岩体はプレートが生まれる場所に由来する。では、プレートが沈み込んでいる海溝はどうだろう。そこは地球上で最も深く、マントルに最も近づける。日本列島の太平洋側には、千島・カムチャツカ海溝、日本海溝、伊豆・小笠原海溝がある。日本海溝には日本列島から流れ込んだ土砂が厚く覆っていることは容易に想像される。しかし、伊豆・小笠原海溝は、陸からも遠く、そして、深い。南延長部のマリアナ海溝は、さらに遠く、かつ、さらに深い。グアム島の西側のマリアナ海溝は一万メートルを超える水深があり、最深部のチャレンジャー海淵（Challenger Deep）は、世界最深の一万九二〇メートル。

興味深いことに、マリアナ海溝の六〇〇〇メートル以深には蛇紋岩のような超苦鉄質岩の報告があった。もしかしたらマリアナ海溝最深部には、マントル物質が露出しているかもしれない。海溝こそが、マントルを直接研究できる場所かもしれない。

あれこれと海溝研究の構想にふけりつつ、ふと講演会場の隣に小原泰彦博士（ヤスさん）が座っていることに気づいた。ヤスさんは、『島弧（Island Arc）』という日本地質学会の国際誌にマリアナ海溝のカンラン岩について一九九八年に論文を発表していた。

海溝研究を始めるなら、ヤスさんに頼むしかない。この時はまだフランス留学後に出席した東京大学海洋研究所の会合以来で、前章で述べた大西洋の掘削航海の前だったので、ポスドク時代の面識がある程度。昼休み休憩になった時に挨拶して、思い切ってランチに誘う。そして、会場の食堂で食事をしながら、マントルを直接研究したい、機会があれば海溝カンラン岩の研究航海に連れていってほしい、一緒に研究させてほしいと頼み込んだ。

ヤスさんは、嫌な顔をまったく見せず、真っ白い歯をみせた笑顔で、私が差し出した手を握って応じてくれた。海溝研究はこうして始まった。

マリアナ海溝のカンラン岩

ヤスさんは、マリアナ海溝の南部陸側斜面のカンラン岩を研究試料として提供してくれた。これらの岩石は、一九九二年に東京大学海洋研究所の学術研究船「白鳳丸《はくほうまる》」で引きあげられたカンラン岩である。「早くほしい」とうるさくねだる私のために当時中野区にあった東京大学海洋研究所に保管されていた試料を選別して静岡大学に送ってくれたのは二〇〇三年九月一九日。にもかかわらず、これらの岩石について本格的に研究を開始できたのは二〇〇四年四月の卒業研究からだ。

最初の海溝のカンラン岩研究は迷走する。二〇〇五年に先輩のデータ解析を手伝っていた田阪美樹さんが思いがけずカンラン石の結晶方位ファブリックにBタイプ(コラム2参照)を見つける。それは、カンラン石の結晶軸の一つであるc軸が流れ(クリープ)の方向(X軸)に一致するものであり、水の効果を示す可能性がある当時最もホットな話題となっていたものだ。一年前の二〇〇四年に名古屋大学グループが雑誌『ネイチャー』に同様の特徴についての論文を発表したばかりだった。田阪さんが見つけた特徴について、最初は分析の間違いではないかと半信半疑だった。しかし、何度確認しても同じ結果が得られたので、次第に、これは海溝のカンラン岩からすごい発見をしたかもしれないと思い始めて論文を書く。

コラム2 ◉ カンラン石の結晶方位ファブリック

マントル物質であるカンラン岩は主にカンラン石結晶の集合体からなる岩石である(第2章図8参照)。カンラン石のような鉱物は、特定の元素が規則正しく配列した結晶である。その配列の仕方は三つの結晶軸で記述される。カンラン石は、a軸、b軸、c軸の三つの軸がそれぞれ直交する直方晶系に属する。

カンラン石集合体の個々の結晶粒子は、結晶軸の向きが相対的に異なっており、その境界は粒界として識別される。つまり、同じカンラン石結晶であっても結晶軸の向きが異なれば別の粒子となる。カンラン岩は、異なる結晶軸の向きをもつカンラン石結晶粒子の集合体であって、カンラン石粒子間の粒界の形状が組織となり、カンラン石粒子の結晶構造の向きの分布が結晶方位ファブリックとなる(図15)。

マントルでゆっくりと流れた(クリープした)カンラン岩は、面構造という面状の組織と線構造という線状の組織をもつ(第1章図6参照)。さらにカンラン岩を構成するカンラン石粒子集合体は、それぞれの結晶粒子がもつ結晶軸の向きが面構造と線構造に対して特定の方位に集中する。カンラン石の結晶軸の向きは、ステレオネット(球面を平面に映す際の基準線が描かれた用紙)に投影された極図上で表わされる。カンラン石の結晶方位ファブリックとは、このような極図上で確認できるカンラン石粒子集合体がもつ三つの結晶軸の向きの分布である(図15)。

カンラン石の結晶方位ファブリックを決定するためには、カンラン岩の面構造と線構造が必要である。その上で、線構造と平行にX軸、面構造がXY面になるようにY軸、

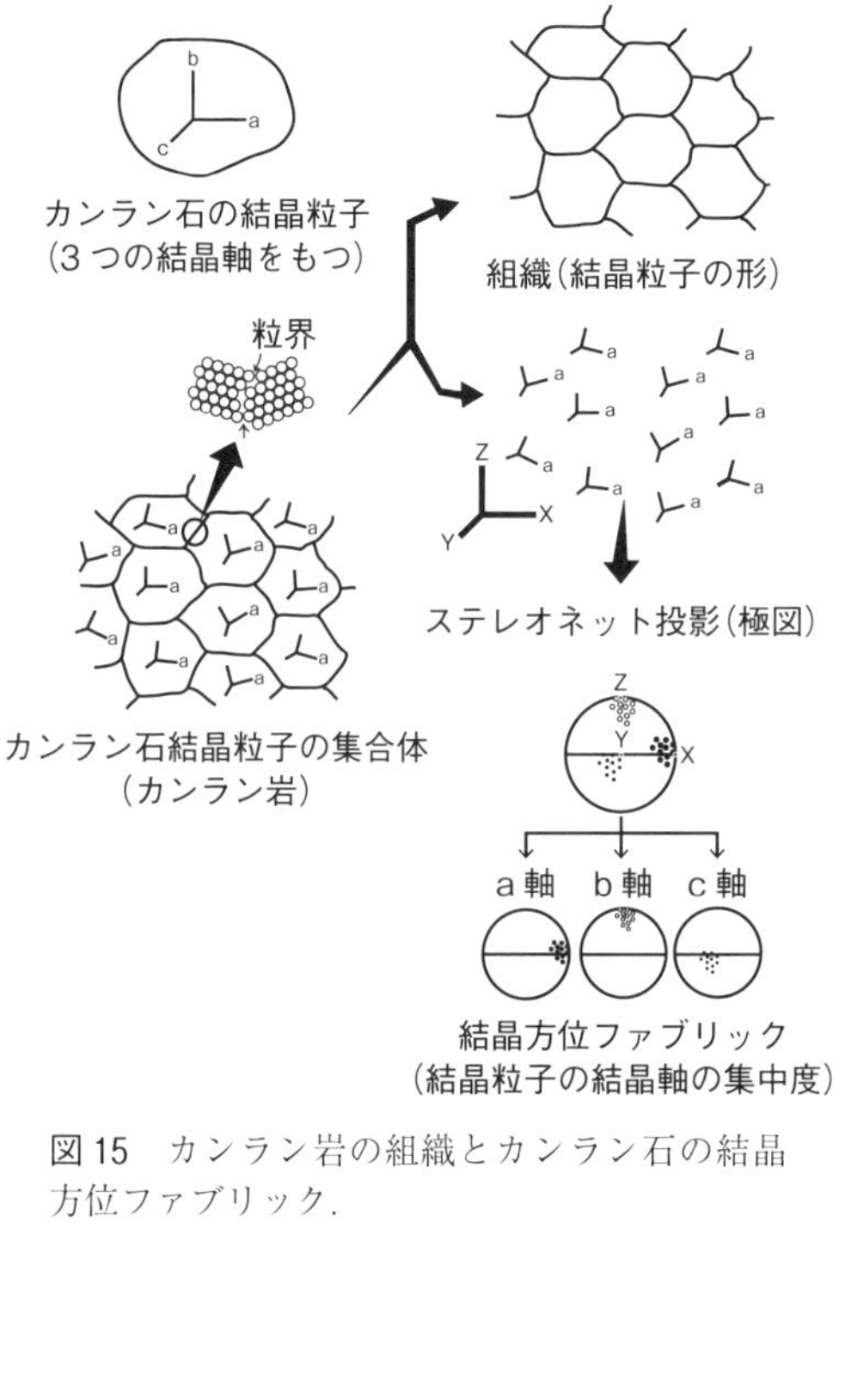

図 15　カンラン岩の組織とカンラン石の結晶方位ファブリック.

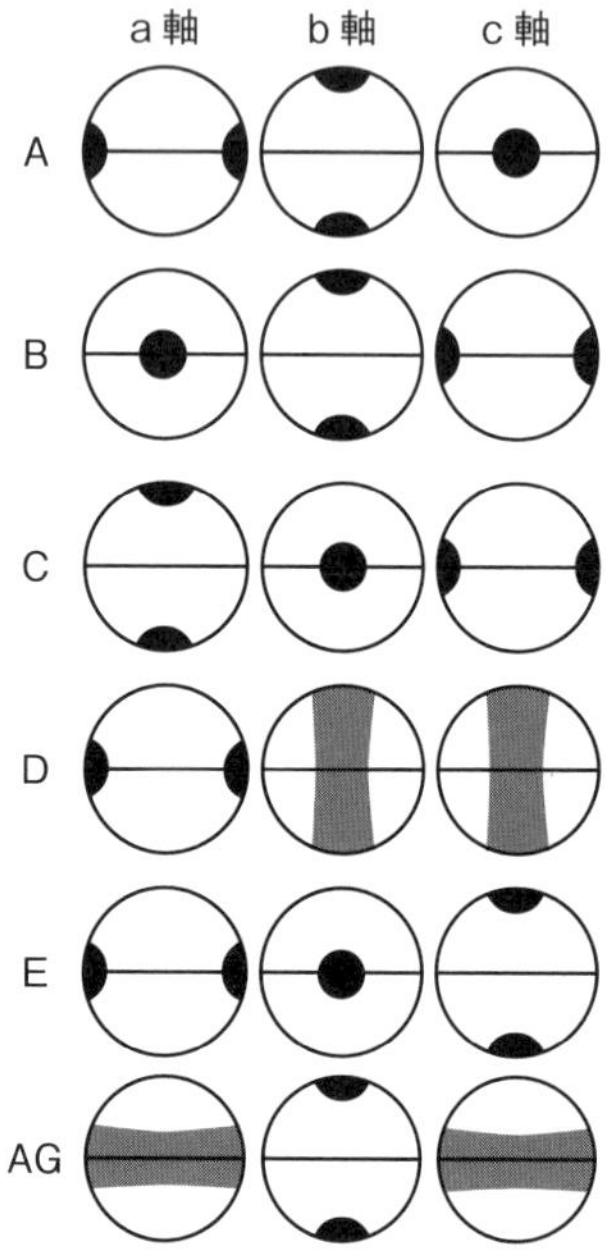

図16　カンラン石の結晶方位ファブリック．A, B, C, D, E, AG各タイプの特徴を示す．

面構造の法線方向にZ軸をそれぞれ定義する。このようにして定義された軸に対してカンラン石の結晶方位ファブリックはAタイプ、Bタイプ、Cタイプ、Dタイプ、Eタイプ、AGタイプの六つに分類される(図16)。

もちろんすごい発見をしたので、二〇〇五年八月に『ネイチャー』に投稿する。あんなにドキドキして緊張しながら投稿したのは、大学院生時代に初めて学術誌に投稿したとき以来だ。投稿直後からテンションがあがりっぱなしだったけれど、一週間も経たない間に編集者からのメールが届き、「貴君の論文には興味なし」と門前払いをうけた。今度はどこまでもへこんだような気がする。それから気を取り直して「自分は『ネイチャー』に投稿したことがある研究者」と自慢にならない自慢を時々するようになった。

その後『地質学(Geology)』誌に投稿するも最初の査読結果は上々だったのに、再投稿後にリジェクト。懲りずに『地球物理学研究レター(Geophysical Research Letters：GRL)』に投稿するも最初からリジェクト。さすがに心が折れそうだったが田阪さんに励まされ、ついには発表することに意義があると自分に言い聞かせながら『テクトノフィジックス』誌に投稿して受理された。二〇〇七年八月一四日である。二年以上もの紆余曲折を経て発表した論文ではあるが、振り返ってみれば、初めての海溝カンラン岩の研究成果として感慨深い。

南国で「しんかい6500」との初対面

二〇〇六年八月二五日にグアム経由でパラオに飛んだ。ヤスさんに頼みこんで乗船が認められた、マリアナ海溝を有人潜水調査船「しんかい6500」(図17)で潜航調査(YK06-12、支援母船「よこすか」による二〇〇六年の一二番目の研究航海)する日米共同の研究航海に参加するためだ。この航海が、初乗船したジョイデスレゾリューション号の次となる二回目だった。乗船時は、前回同様に船酔いに怯えながらも、海溝に行ける、マントルが見られる、という気持ちに奮い立った。

パラオはスキューバダイビングなどのマリンスポーツが盛んで、意外と日本人の若者が働

図17　マリアナ海溝に潜航前の「しんかい6500」(2006年9月1日).

いていて驚いた。翌日は乗船者一同でパラオの地質巡検をして、夕方は港近くのレストランで夕食をとる。レストランのデッキの向こう側に船の灯りに照らされた潜水調査船支援母船「よこすか」が停泊している。海溝のマントル研究という夢が叶うことを祝ってくれるかのように、明るく輝いて見えた。

　八月二七日から九月五日までの研究航海が始まる。パラオを出港し、ヤップ海溝の海上を回航していく。海況は安定していて、海水がエメラルドブルーを呈して美しい。

「よこすか」船内の私のベッドは最も後方に位置した二段ベッドの下側だ。同じ部屋には、観測技術員の方がいて、私を含めて研究チームそれぞれの船内生活から調査補助まで幅広くサポートしてくれる。

「よこすか」に乗船して少し船酔いが落ち着いたタイミングで、「しんかい６５００」と対面した。船を見上げた感じは、まるでお寺の大仏さまの前にいる感覚に近い。手を合わせることはなかったが、それでも出番まで静かに佇んでいるようで格好よかった。

べた凪で船酔い

「しんかい６５００」の潜航調査に参加したのは、この時が初めてだ。やることなすこと目新しくてドキドキの連続。一方、海況は安定していたものの、遠くに発生していた台風の影響で、振幅は小さいが長周期の波に支援母船「よこすか」はゆらゆらと揺れて私は酔っ払い、気分は超低調。楽しみたい気持ちはあったものの、体がついていかない。「行ってよかった！」という明るい感想は、航海のずっと後のことである。

乗船研究員の人数はベッド数に限られるので、船内作業は基本的に研究チーム全員で行なう。そのため、船酔い状態でも起きていられる間はとにかくできそうなことを一所懸命にやった。船が揺れる船上では、動けるヤツが使えるヤツだと実感する。自分は半分くらい使えないヤツだった。

ＹＫ06-12航海で「しんかい６５００」に乗って潜る機会はなく、船上支援の役割だった。しかし、整備中の合間に船内に入って見学できたので、結構満足していた。正直に言えば、潜航開始時や潜航後の回収時に海面でゆらゆらと揺れる潜水船を見ていると、船酔いする自分が想像されて、乗船しないでもいいかなと思っていた。

航海中、体調は船酔いでずっと低調だったが、サイエンスミーティングでは海溝研究で世界的に著名なアメリカ・テキサス大学のボブ・スターン（Bob Stern）教授の発表や解説を聴いて勉強する。メモ書きも辛く、耳学問ばかりであったが、マリアナ海溝は魅力的な場所と実感。

お目当てのマントルのカンラン岩は、東京大学海洋研究所の石井輝秋助教授の潜航で採れた。サイエンスミーティングで議論の末、乗船研究チームの役割分担として、カンラン岩の岩石学的な研究は石井助教授とヤスさん、構造解析は私が担当することになる。

潜航した研究者は、潜航記録(Dive Report)を書く責任がある。私は潜航していなかったが、初めて海底から船上にあがってきたカンラン岩だったので、岩石記載や潜航ログを自分自身でまとめたくなる。石井助教授にそのように進言すると、あっさりと承諾してもらえた。船酔いに苦しみながらも、下船後に備えて必要な情報を整理する。

カンラン岩の研究用標本を大学に持ち帰ると、一〇月までに学部四年生の田阪美樹さんが研磨薄片の作成から結晶方位測定まで、あっさりと済ませてくれる。改めて、彼女がもつ馬力をそのフットワークの軽さから感じた。田阪さんは、静岡大学理学部地球科学科を首席で卒業後、東京大学大学院に進学し、東京大学地震研究所の平賀岳彦准教授の下で学位を取得して研究者の道に進む。現在は、母校である静岡大学の准教授の職にある。

ほぼ同時並行で、石井助教授がカンラン岩の鉱物の化学分析を、島根大学の木村純一教授が全岩化学組成の分析を、それぞれ短期間に実施してくれた。田阪さんが出したデータを含め、すべての研究成果をまとめて、私が筆頭著者となって、二〇〇九年にアメリカ地球物理学連合の国際誌『地球化学、地球物理学、地球システム(Geochemistry, Geophysics, Geosystems)』に発表した。この論文のタイトルには、「しんかい６５００」という用語をいれる。

日本が誇る有人潜水調査船を少しでも世界に知ってもらいたいとの願いを込めた。

マリアナ海溝で初潜航

初めての潜航調査から二年後の二〇〇八年七月、再びマリアナ海溝の潜航調査が実施される。YK08-08は、グアムから乗船し、マリアナ海溝南部陸側斜面を潜水調査船で潜航調査して、そのまま海洋研究開発機構のある横須賀まで回航する航海だ。首席研究者は、前回同様にヤスさんこと小原泰彦博士。私は、ヤスさんからこの航海で最初に潜航する研究者として予め指名されていた。

ついに、「しんかい6500」で潜航できる！　嬉しい、本当に嬉しい。しかし、またもや船酔いで苦しむ。これから潜航できる喜びを自覚する反面、このような体調で本当に潜航できるのか、いや、潜航していいのか、冷や汗が出る。少しでも体調を回復させようと横になって大きく深呼吸を繰り返す。そこに、ヤスさんが現れて、海況がよくないためその日の潜航は中止になったことが伝えられる。こうして、私の初潜航の予定は流れた。

私の体調を慮ってくれたヤスさんは、私の潜航を四番目に変更した。米国人三名が翌日から順に潜航していく様子を船上から見送る間に、完全とは言えないまでも気合いが入るくらいには体調が回復する。乗船日までは食事を含めて緊張した日々を過ごす。

一番の気がかりは潜水調査船で潜航中にトイレに行きたくなることだ。船内では潜航終了

図18　マリアナ海溝斜面(6500 m)への初潜航直前にヤスさん(左)と記念撮影(2008年7月13日).

後に毎晩、首席研究者であるヤスさんの部屋で缶ビールを飲んで懇談するのが日課だった。しかし、翌日に潜航を控えた研究者は緊張もあって早々に寝室に引きあげていた。潜航日が翌日となり、体調は比較的良好、他の研究者に倣って早々に寝室に引きあげてベッドに入る。

二〇〇八年七月一三日、潜航当日は午前五時には起きあがった。とにかくトイレに行く。朝食は一口くらい。そして、またトイレに行く。潜航準備室で潜航服を着込む前まで何度もトイレに行くことを繰り返す。何も出なくても便座にいるだけで安心する。

午前八時一〇分、「しんかい６５００」に乗り込む(図18)。体調はよく、気合いが入る。第一〇九四次潜航、つまり、潜水調査船の一〇九四番目の潜航だ。設定された潜航深度は六五〇〇メートル、ただし、潜航が許されている最大深度は六四九九メートルらしい。船内では、操縦士二名が連携して機器類の確認作業を進める。私は邪魔にならないように左窓手前に横になる。潜水船が釣りあげられるまで窓越しに見送る研究者に手を振った。

潜水調査船が海面に下ろされた時、窓から見えるのは支援母船のスクリューと光に照らされた海中だ。支援母船の太い二本の綱が海面で揺れる潜水船の姿勢を押さえて、ギーコギーコと音がする。ほどなく綱が外され、潜水調査船は潜航を開始する。

ほんの数分前まで海面でゆらゆらと揺れていたのが、すぐに揺れなくなり、船内の機器類の冷却ファンくらいしか音はしなくなる。そこから二時間半、潜水調査船はゆっくりと回転しながら深海底に向かって下降した。

潜水調査船の耐圧殻は直径二メートル、ほぼまっすぐに立てる。船内ではマットレスに横たわる姿勢がほとんどで、見上げると天井が高い。初めての潜航で緊張していたが、船内は想像していたよりも広く感じた。次第に船内気温は海水で冷やされて下がるが、事前打ち合わせで指示された通りに厚着していたため寒くはない。潜航前に水分補給を我慢していたので喉が乾くが、これも事前にうけたアドバイスに従ってあめ玉をなめて凌ぐ。

午前一一時三四分、マリアナ海溝の陸側斜面に着底。深度は、斜面手前で海流に流されたこともあって六四六九メートルだった。これまでで最もマントルに近づいた深度だ。とはいえ、感慨にふける余裕はない。すぐに操縦士と海底地形図を見ながら進路を決めて、ゆっくりと船を斜面に沿って進ませる。窓やモニターで見て、船前方に採取できそうな岩石や露頭を見つけると、操縦士に指示して岩石の手前に着底してもらう。そこからマニピュレータで岩石を摑んで採取するのだ。

初めての海底作業では戸惑うことも多く、操縦士への指示が遅れて潜水船は行き過ぎて露頭の手前で停止できない。緊張で疲労感と空腹感が同時にくる。正午を過ぎた頃、しばらく前進する指示をした後でサンドイッチランチをとった。「しんかい６５００」の潜航用弁当にはおにぎりも選べるが、なんとなくサンドイッチにする。残り五時間のお腹具合が心配だったが、空腹に耐えられずムシャムシャ食べる。それから我慢できず、少しだけ水筒の温かいコーヒーを飲む（浮上中、恐れていた通りに次第にトイレに行きたくなって辛かった）。緊張感から少し頭痛がしたが、こんな貴重な機会はないんだと気を振り絞って、浮上までの残りの時間を確認しながら一所懸命に観察と岩石採取を続けた。

午後二時四六分に水深五九六四メートルの海底から離底するまでに一七個の岩石試料を採った。平均的な試料数だ。離底時に窓から海底を見ると、あっという間に霞んで見えなくなった。

海底地質調査では、ほとんどの場合、同じ海底に繰り返し潜航することはない。もう二度と訪れることのないはずの海底が見えなくなるまで、ずっと窓に顔を寄せていた。月探査を終えて地球に向けて出発する宇宙飛行士って、こんな気分になるのかなと思った。

トンガ海溝のカンラン岩

ヤスさんの研究航海には、いつも石井輝秋准教授が乗船していた。石井准教授は航海が大好きで、「しんかい６５００」が海洋底から回収してきた岩石を上半身下着一枚になって岩石カッターで半割する力強さがある。独自のツールをたくさん積み込んでいて、船上で薄片を作成する簡易型の研磨盤も設置していた。「船上で調査しながら偏光顕微鏡で薄片観察するのが重要なのだよ、わっはっは」と笑われた。私は、船酔いしやすいので、とても偏光顕微鏡の小さなレンズを長時間覗くのは難しい。けれども、簡易型研磨盤の利便性はとても勉強になった。

ある研究航海のとき石井准教授が、「道林くん、トンガ海溝のカンラン岩は、北海道の幌満カンラン岩くらいにキレイだよ」と話を始めた。「昔、シャーマンの航海に参加してね、新鮮なカンラン岩がたくさん採れたんだ」。シャーマンとは、オレゴン州立大学のブルーマー(Sherman Bloomer)教授のことで、アメリカの海溝研究を牽引した研究者だ。

「海洋研(東京大学海洋研究所)に来たら、少し分けてあげるよ」と言ってくれた。下船後すぐに、海洋研に出向く。天井まで積みあげられた岩石箱がずらっと並ぶ岩石保管庫は壮観だった。「すごい!」と思わず声をあげる。

石井准教授は、岩石箱の間をスルスルと抜けていき、トンガ海溝とラベルされた岩石箱を見つける。「どう、これ?」と言って、手に持って差し出されたカンラン岩は緑色をしており、まさにマントルそのものだ。水深八七三一メートルの超深海底から回収されたマントルの岩石だった。

トンガ海溝の深海底で海水に触れていたはずの岩石が、緑色を呈したカンラン岩だった。地表の風化よりも海水による変質は圧倒的に速いはずなので、〝キラキラ〟したカンラン岩を目の前にして言葉を失う。「まさか！」トンガ海溝の超深海底には、こんなに状態のよいカンラン岩が露出しているのか、これを研究してみたいと心から思った。

もう一度を夢見るトンガ海溝

紆余曲折を経て、トンガ海溝に行けたのは、二〇一三年一〇月だ。ヤスさんから「そろそろ自分でも航海申請したら？」と勧められて、首席研究者として提案書を提出するようになってから三年がかかる。

二〇一三年、海洋研究開発機構は、クヴェレ航海と称した「しんかい６５００」の世界一周航海を企画する。この後半の航海に南半球の潜航計画が組み込まれ、そこにトンガ海溝が予定された。首席研究者として初めての潜航航海で、研究チームは、私の他に、産業技術総合研究所の石塚治博士、海洋研究開発機構の谷健一郎博士、東北大学の岡本敦准教授の四名。我々は、飛行機に乗ってシドニー経由でタヒチに降り立つ。

タヒチの港で支援母船「よこすか」に乗船したのは、我々だけではない。底生生物を研究するチームとの合同調査だ。チーム代表は、海洋研究開発機構の北里洋博士。北里博士は、東北大学で理学博士を取得された後、静岡大学理学部地球科学科の教員だった時期がある。実は、学生時代の私の先生の一人で「北さん」と学生からよばれていた。北さんは、小さな底生有孔虫を主に研究しており、北里研究室は「マイクロ」との愛称があって人気の研究室だった。

出港直後の会議で、北里チームの調査地である最深部ホライゾン海淵に最初に行くことに予定が変わる。首席研究者は、研究チームの代表として船側と交渉しなければならない。この航海での首席研究者は合同調査だったので北さんと私の二名だ。私は初めての重責に少し気後れし、当初計画では我々の調査が前半だったが、航海上の理由により最深部であるホライゾン海淵の調査を先に実施することは仕方ないと思った。北里チームの調査の間、海況はすばらしく、すべての調査を実施して完了する。

図19　トンガ海溝斜面(6500 m)への初潜航を待つ道林チーム．乗船研究者は谷健一郎博士(2013年10月13日)．

道林チームの出番となり、ホライゾン海淵の陸側斜面への潜航を谷博士に託す(図19)。谷博士は、「しんかい6500」でトンガ海溝に最初に潜航した研究者となったが、残念ながら、狙っていたマントルの岩石は採れなかった。潜航調査は四回の予定だったが、その後、海況が荒れ出す。晴れてはいるが、波が高くなったのだ。

潜水船を海上に下ろせず、待機する日々が続く。日程も迫っており、我々は後部の甲板で、海の神様に赤ワインを御神酒としてささげて、海況の回復を祈ったりする。なんとか一回だけ潜航できることになり、東北大学の岡本准教授を潜航者に選ぶ。岡本さんは、今回が初めての潜航だ。ただし、波高は低くもなかったので、着底してから急いでできるかぎり多くの岩石を回収するように指示する。予想通り、潜航は通常よりも早めに切りあげられたが、回収された岩石には蛇紋岩が含まれていた。少なくとも完全な空振りではなかったのは、せめてもの救いだった。

結局、四回の潜航予定が、二回となった。振り返ると、反省点も多い首席研究者としての初航海だった。もう一度、できることならトンガ海溝の潜航航海を実現したいものだ。トンガ海溝の超深海底に露出するマントルを今でも夢に見る。

伊豆・小笠原海溝で驚く

二〇一七年七月、「しんかい６５００」で父島北西の伊豆・小笠原海溝の潜航調査を実施する。トンガ海溝と同様に他の研究チームとの合い乗りであったが、首席研究者として二度目の航海だ。潜航調査の目的は、伊豆・小笠原海溝陸側斜面の六五〇〇メートル付近にマントルが露出しているのかどうか確かめること。研究チームは、私と私の学生の他、東北大学の岡本敦准教授とその学生だった大柳良介さん、私の下で博士号を取得した後に産業技術総合研究所の研究員として活躍していた針金由美子博士、広島大学の学生だった畠山航平さん。私よりも一回りも二回りも若い研究者たちだ。

ＹＫ17-14航海による伊豆・小笠原海溝の潜航調査は、前弧マントル掘削計画(後述)のための事前調査を兼ねていた。調査海域の水深が浅い場所は、トンガ海溝航海を一緒にした石塚博士と谷博士が精力的に調査して、日本列島のような島弧の形成初期過程と火成作用の変遷について重要な成果を出している。彼らの航海に針金さんも参加しており、回収された蛇紋岩からマントル流動の証拠を見つけたことを示した論文を『地球惑星科学レター』誌に発表していた。今回の航海は、これまでの成果をもとにしてさらに超深海底の地質を明らかにすることを目的とする。

潜航は予定通り四回実施され、期待通りに六五〇〇メートル付近から主に蛇紋岩からなる超苦鉄質岩が回収される。四回目の潜航は、針金さんが論文を書いた陸側斜面の高まりで、ミーティングで海亀海山と名づけた場所だ。以前の潜航は水深五〇〇〇メートルと浅かったので、今回は六五〇〇メートルまで潜航できる最深部とした。潜航の朝、波高が少し高く、早めに潜航調査を引きあげる可能性があると事前に伝えられる。そこで、潜航者の針金さんには、着底したらあまり移動しないで、周辺の岩石を採れるだけ採るように指示した。

予報通り次第に海況が悪化してきたため、昼過ぎに「しんかい６５００」は浮上してきたが、バスケットにはたくさんの岩石が入っていた(図20)。岩石の多くは蛇紋岩だったが、そのうちの一個に白い半透明の自形結晶(結晶面が外側に現れていて外形が保たれている結晶)が見える。それはアラゴナイトという炭酸塩の鉱物だった。「マジか！」一般常識として炭酸塩が水深六五〇〇メートルに存在することは不可能と考えられている。飽和度が低いためにすぐに溶けてしまうからだ。しかし、アラゴナイトは見事な自形結晶だった。

私は、このアラゴナイトを見たとき、海亀海山には冷湧水があるのではないかと直感した。これはもしかしたら大発見かもしれない。幸い、東北大学の岡本准教授と大柳さんは、岩石と水の反応系の専門家だったので、彼らにアラゴナイトの研究を託す。その後、大柳さんは博士号を取得した後、ポスドクとして海洋研究開発機構でアラゴナイトを丁寧に研究した。そして、海溝内の水循環について興味深い結果を論文にまとめ、二〇二二年一二月三日付けで国際誌『コミュニケーションズ地球と環境(Communications Earth & Environment)』に発表した。

しかし、まだ冷湧水の発見には至っていない。海亀海山の超深海底にはマントルが存在するだけでなく、そこは水循環や炭素固定に関しても興味深い研究地であることが明らかとなった。今後のさらなる成果が期待される。

図 20　伊豆・小笠原海溝海亀海山から採取された蛇紋岩.

4　月より遠い道

ムンク邸の前庭

二〇一六年一月一二日からの三日間、国際深海科学掘削計画（ＩＯＤＰ）の科学評価委員会の委員として、カリフォルニア大学サンディエゴ校スクリプス海洋研究所で開催された会議に出席した。研究所があるカリフォルニア州ラホーヤはリゾート地・高級住宅地としても知られている。研究所の会議場からは太平洋の水平線に沈む夕日が美しく、映画に出てくるような景色が拡がる。

スクリプス海洋研究所の北側の少し小高い海岸線沿いに、海洋学のレジェンドであり、モホール計画とよばれるマントル掘削計画の発案者として名高いウォルター・ムンク（Walter Munk）教授（一九九九年京都賞受賞）の有名な邸宅がある。

ほとんどの議題が片づいた会議の最終日、ムンク教授からランチの招待をうけてＩＯＤＰのホリー・ギブン（Holly Given）さんと一緒にムンク邸を訪れた（図21）。

図 21　ムンク邸の前庭のテーブル(左)とムンクご夫妻とのランチ(2016 年 1 月 14 日).

ムンク教授とは、二〇一二年一一月に来日された際、少しだけご一緒したことがある。伊丹空港まで公用車で迎えにあがり、地球深部探査船「ちきゅう」に訪船するため、宿泊先の伊勢志摩のホテルまでお送りした。途中、奈良で五重塔と東大寺を案内し、ランチとしてうどん屋に入る。伊勢志摩で、ムンク教授はヘリコプターに乗って、南海トラフ掘削中の「ちきゅう」を訪れた。この来船を記念して「ちきゅう」船内の一角がムンクライブラリーと名づけられている。

ムンク教授は、来日時九五歳、ムンク邸で再会したときは九八歳。足腰は弱っていたが、頭脳明晰で今なお研究を続けていることに深く感銘をうけた。フランス留学時のニコラ教授もそうであったが、いくつになってもサイエンティストとして活躍する姿は格好いい。

ムンク邸の前庭に、地球科学分野の歴史に刻まれた朝食会が開催された長細いテーブルがある(図21左)。一九五七年三月、このテーブルで科学者八名が朝食をとっていた。

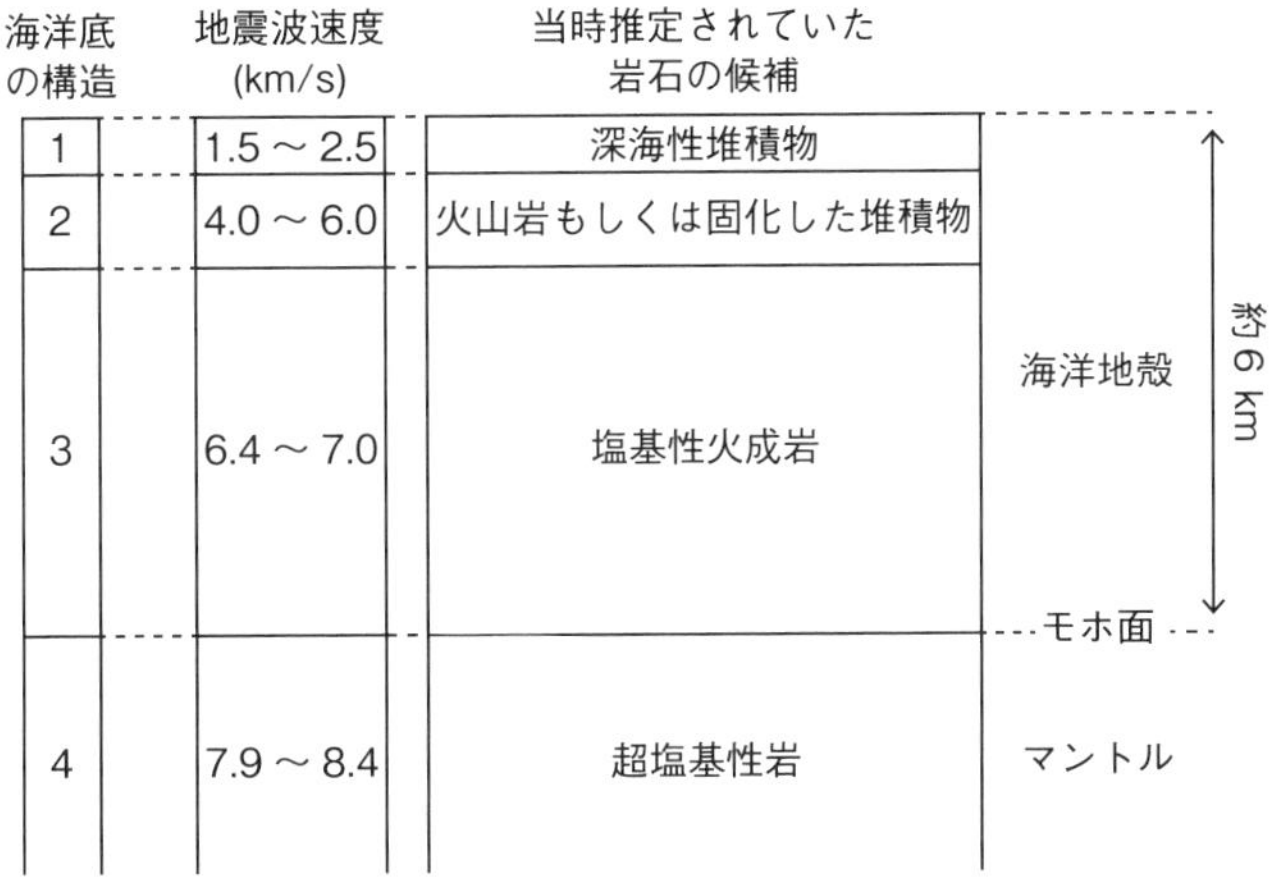

海洋底の構造	地震波速度 (km/s)	当時推定されていた岩石の候補	
1	1.5〜2.5	深海性堆積物	海洋地殻（約6km）
2	4.0〜6.0	火山岩もしくは固化した堆積物	
3	6.4〜7.0	塩基性火成岩	
			——モホ面——
4	7.9〜8.4	超塩基性岩	マントル

図22　1950年代における海洋底の地震波速度構造の解釈.

そこで、ムンク教授は「海底を六キロメートル掘ってマントル物質を回収する」という有名な発案をした。

一九五〇年代、地球物理学者は、海底地震波探査から海洋底の構造を地震波速度によって第一層から第四層まで区分している(図22)。海底地震波探査とは、研究船の後方の海中にエアガンとよばれる音源から弾性波を発することで人工地震波を起こし、海底面や地層や岩相境界に当たって帰ってきた反射波を解析することで、海底下十数キロメートルまでの地層や岩相などの地下構造を明らかにすること。地震波速度は海水中や岩石中を地震波が伝播する速さを表わしている。

海底直下の第一層は地震波速度が毎秒一・五〜二・五キロメートルの深海性堆積物、第二層は地震波速度が毎秒四〜六キロメートルの火山岩または固化した堆積物、第三層は地震波速度が毎秒六・四〜七キロメートルの塩基性火成岩、第四層は地震波速度が毎秒七・九〜八・四キロメートルの超塩基性岩であり、地下約六キロメートルと見積もられた第三層と第四層の境界は、大陸下におけるモホロビチッチ不連続面(モホ面)に相当し、第四層がマントルと解釈された(図22)。

このモホ面までの深さが、大西洋から太平洋までのすべての大洋で約六キロメートルとほぼ均一であることが一九五〇年代には知られている。つまり、六キロメートルを掘りぬけば、マントルに到達するのだ。

ムンク教授は、六キロメートルを掘進して人類未到のマントルまで掘削することこそ、人類未踏の月へ行くアポロ計画と同等であり、地球を惑星として研究する大型計画になりうると考えた。ムンク邸の朝食会に同席していた岩石学者であり、地球物理学者でもあったハリー・ヘス(Harry Hess)教授がムンク教授のアイデアに賛同する。

ヘス教授は、地球詩(Geopoetry)と前書きした、後にプレートテクトニクスにつながる有名な論文を書きながら、ムンク教授のアイデアを発展させて正式な掘削提案書を作成した。これが、数年後に「モホール計画」として知られるマントル掘削計画のはじまりである。

モホール計画と深海掘削計画

モホールの言葉の由来は、モホ面の英語(MOHO)と孔を表わすホール(HOLE)をつなげてモホール(MOHOLE)と造語したことにある(偶然だが「モホ面まで掘る」でモホールとなり和文でも語呂がよい)。モホールは、一九五九年のアメリカの科学啓蒙誌『サイエンティフィック・アメリカン(Scientific American)』四月号に掲載された、マントル掘削提案書の概要を紹介する記事のタイトルだ。さらに、のちにノーベル文学賞を受賞する作家のジョン・スタインベック(John Steinbeck)が一九六一年の雑誌『ライフ(Life)』に発表したモホール乗船記の効果もあって、モホールの知名度はアメリカ国内で一気に高まった。

ここからモホール計画について紹介していこう。

モホール計画は三段階からなる。第一段階では、深海底を掘削可能な船と装置の開発とその試験を行なうこと。これには、新しい技術能力の開発が必要だった。具体的には、掘削船を掘削地点の海上に留めておくための航法とスラスタの実装で、今では「自動位置保持システム(dynamic positioning system)」として知られ、現在の掘削船には欠かせない機能である。その他に、一つの掘削孔を地中深くまで掘進するために、ドリルパイプを交換した後も、何度も同じ掘削孔に再挿入する技術も必要だ。

第一段階では、これらの技術開発を進めて、可能な限り海底を掘進して岩石を回収することを目的とする。第二段階では、高度な掘削船の開発と掘削地点の特定、そして第三段階において地殻とマントルの境界であるモホ面を超えてマントルまで掘削する計画である。

第一段階として世界最初の深海掘削船が石油会社四社によって共同開発される。その名前は四社の会社名であるコンチネンタル（Continental）、ユニオン（Union）、シェル（Shell）、スーペリアー（Superior）の頭文字からクス1（CUSS1）。カリフォルニア州ラホーヤ沖での外航試験を経て、一九六一年三月と四月にメキシコのグアダルーペ（Guadalupe）島付近で掘削実験が実施される。そして、水深三五五八メートルの海底から一八三メートルの掘削に成功し、一七〇メートルの深海性堆積物の下位から玄武岩が回収された。これが、地震波速度構造の第二層が固化した堆積物ではなく火山岩（玄武岩）であることを世界で初めて実証する歴史的な成果となる。ジョン・スタインベックは、このときの掘削実験に乗船して『ライフ』誌の記事を書きあげた。

モホール計画の第一段階は、科学掘削における初期の重要な成果であるとして、ケネディ大統領から「グアダルーペ付近の約一万二〇〇〇フィート（約三七〇〇メートル）の水深での掘削成功と海洋地殻の火山岩層への到達は、素晴らしい成果であり、我々の科学技術の進歩における歴史的なランドマークとなった」との祝電が送られる。まさに、ウォルター・ムンクとハリー・ヘスが想い描いたとおりの展開だ。

続いて実施された第二段階では、深海底の地震波速度構造の第二層である玄武岩層を掘進する技術開発を行なう。そして、次の第三段階で第四層のマントルまで到達するための掘削候補地点の事前調査が実施される。

ハワイ沖のノースアーチ（North Arch）の海底物理探査が一九六二年と一九六三年に実施さ

れ、それまでの探査結果と合わせることで海面下九・五キロメートルにモホ面を確定した。これをもとにして、マウイ島の北西に位置する北緯二二度二〇分、西経一五五度三〇分の地点をモホール計画の掘削候補地点とすることが、一九六五年一月に全米科学財団（National Science Foundation：ＮＳＦ）により決定される（図23）。

掘削候補地点がハワイ沖になったのは、安定した気候や掘削船への物資輸送がしやすい港の利便性があるからだ。さらに、ハワイ周辺にはそれまでにたくさんの研究成果があり、掘削による新しい成果を最大限に活用できることも期待された。

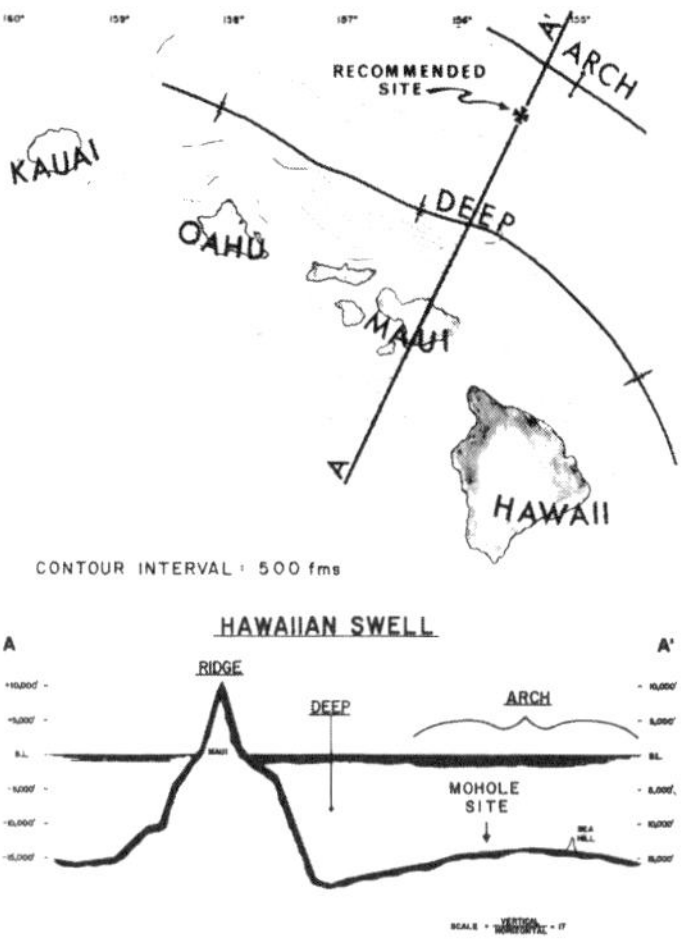

図23　モホール計画第２段階で決定されたハワイ沖の掘削候補地点（MOHOLE SITE）．“Drilling for scientific purposes” Geological Survey of Canada, 1966年より．

けれども、マントルまで掘削する第三段階は実現しない。モホール計画は第二段階の掘削船の開発を含めて一億六〇〇〇万ドルまで肥大化した予算案と政治的な論争に巻き込まれ、一九六六年に連邦議会によって中断が決議された。その後、人類はアポロ計画によって月に降り立ったが、海底下六キロメートルのマントルには現在まで未到達のままである。この六キロメートルは「月より遠い道」となった。

モホール計画は中断されたが、深海掘削が単に海底にドリルで孔を開けて岩石を回収するだけなのでなく、惑星地球を理解する上で不可欠なツールになったことを強調したい。ウォルター・ムンクが期待した通り、地表の限られたごく一部を調べる学問としての「地質学」から地球を惑星として考える「地球科学」という概念が生まれたのは、モホール計画が一つの契機だ。

モホール計画から始まった掘削船の技術開発は、石油掘削を飛躍的に進展させただけでなく、一九六八年から現在のＩＯＤＰまで続く国際科学プロジェクトとなる深海掘削計画（Deep Sea Drilling Project：ＤＳＤＰ）に引き継がれた。ＤＳＤＰはモホール計画の第一段階における玄武岩掘削の成功をうけて、一九六三年から新たに検討された海洋性堆積物掘削プログラム（Ocean Sediment Coring Program）に始まり、一九六六年に名称がＤＳＤＰとなって本格化する。

二一世紀モホール計画と東日本大震災

第2章で紹介したように、二〇〇三年から国際深海科学掘削計画（ＩＯＤＰ）がはじまる。その前身の海洋掘削計画（Ocean Drilling Program：ＯＤＰ）は米国主導だったが、ＩＯＤＰは日米欧の国際共同計画だ。日本の主力として二〇〇六年から試験運用がはじまった海洋研究開発機構の地球深部探査船「ちきゅう」は、海洋地殻六キロメートルを貫通してマントルまで掘進する能力をもつ超弩級の科学掘削船だ。その性能を生かして新たな海洋底の掘削科学が大きく進展する期待感はすごかった(図24)。

図24　地球深部探査船「ちきゅう」(2005年9月12日横須賀港で最初の一般公開).

「ちきゅう」の最初の仕事は、南海トラフの地震発生帯を掘削して海溝型地震の発生メカニズムを明らかにすること。当初は、地震発生帯掘削から一〇年後くらいにマントル掘削に向けた準備を開始する計画だった。

二一世紀モホール計画とよばれた「ちきゅう」によるマントル掘削計画は、マントルを研究する世界中の岩石学者を魅了する。一〇年以内にマントル到達の快挙が歴史に刻まれるのだ、その場に立ち会いたいと、私も参加は遅かったが期待に胸が高まった。

国際会議を重ねて掘削候補地点が太平洋の三カ所に絞られる。コスタリカ沖、メキシコ沖、ハワイ沖の三カ所だ(図25)。このうちのハワイ沖の掘削候補地点は、一九六五年に最終決定されたモホール計画の候補地点に近い。地震発生帯掘削を進めながら、海洋研究開発機構は、二〇一一年にコスタリカ沖とメキシコ沖の掘削候補地点の事前調査に向けた準備を進める。

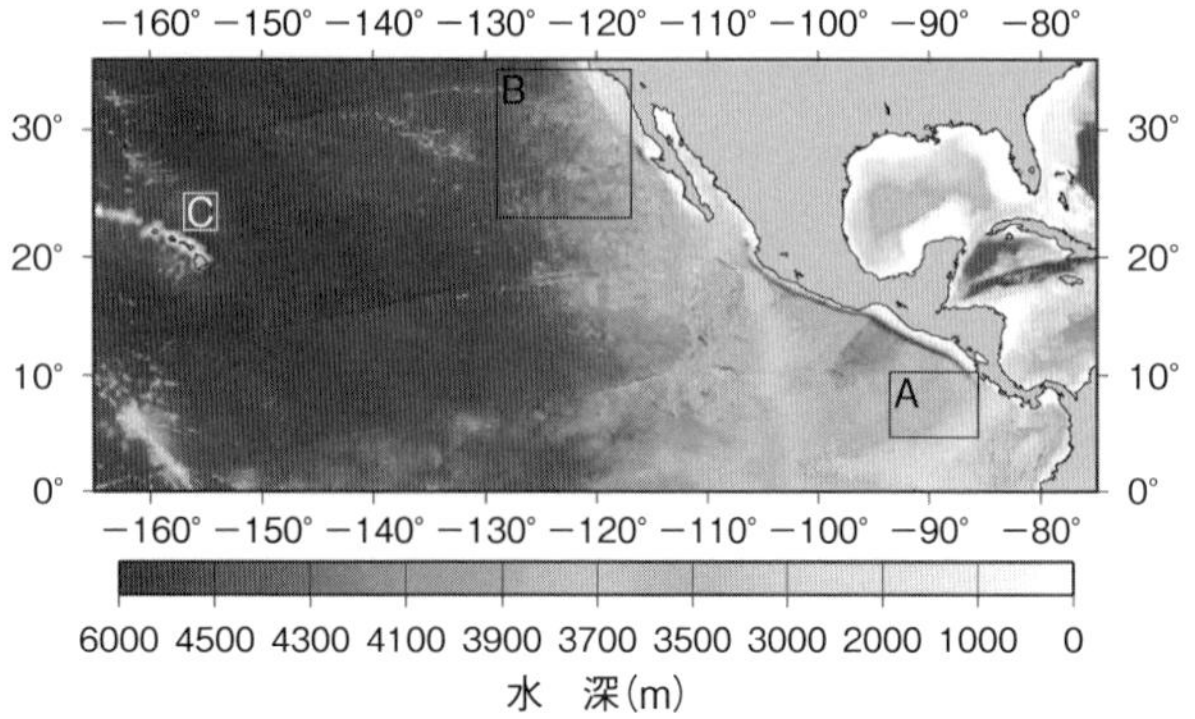

図25　マントル掘削計画の3カ所の掘削候補地点．A：コスタリカ沖，B：メキシコ沖，C：ハワイ沖．

二〇一一年三月一一日、東北地方太平洋沖地震が発生。三・一一とよばれる東日本大震災である。東北の太平洋沿岸域は大地震と大津波によって甚大な被害をうけた。「ちきゅう」も八戸《はちのへ》港で被災した。津波に翻弄され、座礁は免れたがスラスターを損傷。

この未曽有の大災害によって、海洋研究開発機構は、研究船の運用計画を見直し、東北沖の海底探査に移行する。当然の成り行きだろう。しかし、そのためにコスタリカ沖とメキシコ沖の事前調査は余儀なく中止され、マントル掘削に関してはほぼ白紙となった。

日本国内の動向とは無関係に、二〇一一年六月、IODPの次の(二〇一三年からの)一〇年間の深海掘削計画が公表される。国際海洋発見プログラム(International Ocean Discovery Program：IODP、最初のIODPはDが掘削(Drilling)だった)となる第二期IODPとして、さらに一〇年間の継続が決まる。

ところが、同年八月一九日に、全米科学財団（NSF）が、現行のIODPの枠組みを変えて、今後はジョイデスレゾリューション号による掘削航海を米国独自で行なうことを日本を含む国際掘削科学コミュニティに正式に通達してきた。IODPの存続を揺さぶる大きな出来事だ。

はたして深海掘削計画はどうなるのか、地球深部探査船「ちきゅう」は継続されるのか、当然ながら科学コミュニティの思いは錯綜した。日本では文部科学省から同年九月一日に声明が出され、「ちきゅう」は今後もIODPの枠組みのなかで継続されることが正式に表明される。

IODPの存続は決まった。しかし、混乱はすぐには収まらなかった。

ブノワとタッグを組む

マントル掘削計画を推進していた国際的な科学者コミュニティは、NSFの声明をうけて、一刻も早く新しいマントル掘削計画をIODPに提出すべしとの動きを加速させる。一方で慎重論を唱える研究者もいた。今後のマントル掘削計画をどうすべきか大混乱に陥いる。

私は、この頃まではマントル掘削計画について、J-DESCのIODP部会のお手伝いくらいの感覚でかなり傍観者・協力者側に立って、関連する掘削検討会や研究集会に参加していた。マントル研究をフランス留学中に始めて一〇年以上経っていたが、未だに新参者のような感覚が抜けきれず、事の成り行きをメールのやりとりで読みながら傍観していた。

しかし、事態は収まるどころかますます混乱し、海外研究者と国内研究者の間で意見の食い違いがどんどん大きくなっていく。国内では慎重論が大半だったのに対して、海外では一刻も早く新しいマントル掘削提案書を提出すべしとの推進派が主流だった。

当初は事の成り行きをヒヤヒヤしながら見守っていたが、海外の推進派の急先鋒がフランス留学時代から付き合いの深いモンペリエ大学のブノワ・イルデフォンス博士だったこともあって、このままでは空中分解するかもしれないと思い始める。その後も終息する気配がみられず、ついに我慢できなくなって手を挙げた（動き始めた）。この時、マントル掘削計画に大きく関わることを決意したと思う。

とにかく推進派急先鋒のブノワをなんとかしないと話にならないことは明白だ。国内の関係者と少しやりとりをした後の最初の仕事は、ブノワと話をして国内状況を理解してもらうこと。メールのやりとりではらちがあかないと判断し、インターネット電話のスカイプでブノワと話をする。

ブノワとの会話からは、メールとは違う印象をうける。どうやら日本国内の動きが見えなかったことが不安だったらしい。お互いの近況を話した後、マントル掘削計画提案書の申請について、もう半年待ってほしいと説得する。こちらの状況を理解するや、ブノワは海外研究者に説明する役目を担うと言ってくれる。相変わらず陽気で気が利いて世話好きのブノワだった。久しぶりにモニター越しに会って、頼りがいのある友人に感謝する。

その後、IODP体制の先行き不透明感と国際協調の必要性が確認され、マントル掘削申請書の提出については、次年度の四月一日まで延期することが九月二七日に国内外双方合意される。さらに一一月一一日に海洋研究開発機構の東京事務所でマントル掘削計画の国内集会を開催し、今後の情報一元化とマントル掘削を推進する研究チームの体制を整備する。そして、二〇一二年二月上旬にブノワを含めて外国人首席研究者三名を日本に招いて掘削提案書の作成会議を開催することが決まった。

銀座でふぐを食べる

二〇一二年二月一一日と一二日の二日間、新橋駅近くの海洋研究開発機構の東京事務所で地球深部探査船「ちきゅう」によるマントル掘削計画について話し合いが行なわれる。この会合には、フランスのブノワ・イルデフォンス博士（モンペリエ大学）、アメリカのピーター・ケレメン（Peter Kelemen）教授（コロンビア大学ラモント・ドハティ地質研究所）、イギリスのデーモン・ティーグル（Damon Teagle）教授（サウサンプトン大学海洋海事研究所）を招聘した（図26）。

図26　マントル掘削提案書の作成会議．立っているのがブノワ・イルデフォンス博士（2012年2月11日）．

私は大学の用事と重なり、一一日の午後遅くに会議室に到着したのだが、すでに白熱した議論が続いていた。四月一日の申請締切日に間に合わせるために、具体的な内容について一つずつ確認され整理されていく。会議終了後、参加者一同による合意が形成され、それなりに満足できる結果になった。

二日目の夜、日本人研究者らは帰途についたが、外国人研究者三名は翌日の飛行機だったので、私が彼らを夕食に連れて行く。事前に知り合いの研究者から銀座にあるふぐ料理店を教えてもらっていた。銀座での会食はまったく経験がなかったが、わずか二日間の会議のために来日してくれた外国人研究者を労うために、思い切ってふぐ料理店のドアを開ける。

二月のまだ寒さのきびしい夜、ふぐ会席を四名分注文。ふぐさし、ふぐちり、出てくる料理に一同感嘆し、どれも美味しく、ふぐの骨のはいった熱燗とあいまって、誰もが満面の笑みを浮かべる。出費は大きかったが、今でも彼らと会うたびに語り合う、美味しい記憶だ。美味しい会食って、人間関係を円くしてくれるのだと、実感した夜だった。

四月一日に国際的な合意の下で作成されたマントル掘削に関する掘削概要申請書は、無事にＩＯＤＰに受理される。筆頭申請者は金沢大学の海野進教授、その他に先の外国人三名と金沢大学の森下知晃教授と私。「モホールからマントルへ（Mohole to Mantle）」をスローガンとしてＭ２Ｍと称されるようになったこの掘削概要申請書は、マントル掘削計画の新しいアイコンとなった。

図 27　ウォルター・ムンク特別シンポジウムの記念写真．中央にムンク教授，その前に座っているのが筆者(2012 年 11 月 7 日)．

今なお「一〇年後」のマントル掘削計画

Ｍ２Ｍを申請した二〇一二年四月一日の七カ月後の一一月一日にムンク教授が来日。これに合わせて一一月七日に東京大学理学部一号館の小柴ホールでウォルター・ムンク特別シンポジウムを開催する(図27)。このシンポジウムでは、ご高齢(九五歳)のムンク教授に配慮しながら対話形式による講演が行なわれる。前座として、金沢大学の海野進教授が、最新のマントル掘削計画であるＭ２Ｍについて紹介した。

特別シンポジウムは盛況で、会議終了後は学士会館でムンク教授を交えた懇親会が催された。行く先は不透明だったが、東日本大震災で消えかけていたマントル掘削計画への期待が、再びわきあがることを感じるイベントだった。

翌日、京都に向かうムンク教授を東京駅のホームで見送る。「ありがとう、また会いましょう」と言ってもらえたが、当時は再会できるとは思わなかった。三年余り後にスクリプス海洋研究所での会議の折に、有名な歴史あるムンク邸で教授ご夫妻とホリー・ギブンさんと私の四人でランチしながら旧交を温められたのは、貴重な機会でまさに幸運そのものだ。

Ｍ２ＭはＩＯＤＰで認められたものの、具体的なアクションプランはなかなか進まない。唯一、二〇一四年六月に掘削候補地点三カ所のうちの一つであるハワイ沖の物理探査が実施された。先にも述べたが、ハワイ沖の掘削候補地点は、一九六〇年代のモホール計画掘削候補地点と近い位置にある。このことはあまり知られていない。

Ｍ２Ｍは海底下六キロメートルを掘進してマントルに到達する大プロジェクトだ。この壮大な研究プロジェクトを成功させるために、比較的規模の小さい現実的な掘削計画を複数提案した。それぞれ、フィリピン海パレスベラ海盆のゴジラメガムリオン掘削計画、伊豆・小笠原海溝の前弧マントル掘削計画など、地球深部探査船「ちきゅう」の掘削技術・経験を少しずつ高めるようなロードマップを作成する。しかし、二〇〇七年の運用開始時に一〇年後と言われたマントル掘削計画は、二〇二四年現在でも一〇年後もしくはそれ以降を目指した計画となっている。

はたして一〇年後から短縮される日は来るのだろうか。空を見上げれば、再び月に行く計画が進み、火星にも人を送り出す計画が始まる。海底下六キロメートル先のマントルまでの道程は、今なお月より遠い道だ。

三〇年後までの2050サイエンスフレームワーク

二〇一三年から始まった第二期IODPも二〇二三年で終わりを迎えることになり、二〇二三年以降の深海掘削計画をどうするのか、二〇一九年三月から日本を含めた世界中のIODP加盟国によって活発に議論された。その年の七月にニューヨークのコロンビア大学で各国から選出された委員によるブレインストーミング的な会合が実施される。私もマントル掘削を推進する研究者としてJ-DESCから推薦をうけて参加する。

コロンビア大学の会議室はとても豪華絢爛だった。日本側代表の一人として責務を果たさねばと、時差で眠くなるのを防ぐために立ちながら会議に参加する。各国の議論を集約しながら、最終的に従前の一〇年計画ではなく、三〇年後の二〇五〇年までを見据えた長期的な科学的な枠組み(フレームワーク)を作成することが合意された。

図28　マントル選手のユニフォームを着る.

会議終了後、マジソンスクエアガーデンのすぐ横のスポーツショップに立ち寄る。そこで一九五〇年代に活躍したニューヨークヤンキースのマントル選手(地球のマントルと同じ綴りの名をもつ。多数の本塁打を打って主砲として活躍した選手として名高い)のユニフォームを購入した(図28)。それ以来、このユニフォームを名古屋大学にある私の部屋の入り口に掲げている。

コロンビア大学での会議報告をうけて、ＩＯＤＰコミュニティとして『２０５０サイエンスフレームワーク』とよぶ新しい活動指針となる大部な文書を完成させる（ウェブ公開されていて、日本語概要版もある）。私も「深部地球の探査（Probing the Deep Earth）」という章を執筆し、マントル掘削計画を長期的な視点で進めていくことを明記した。日本国内の動向はさておき、少なくとも国際掘削科学コミュニティには、マントル掘削計画の重要性を改めて確認してもらえたと思う。

めざせマントル！

5　マントルの痕跡を掘る——オフィオライト掘削と「ちきゅう」船上合宿

オマーン掘削検討会議

二〇一二年九月一四日、コロンビア大学のラモント・ドハティ地質研究所に近い国際会議場で、オマーン国のオフィオライト掘削計画を国際陸上科学掘削計画(International Continental Scientific Drilling Program：ICDP)に申請するための国際ワークショップが開催される。

オマーン国のオフィオライトは、フランス留学時代から開始した私のマントル研究のメインフィールド(第1章参照)。この掘削では、オフィオライトを複数箇所で四〇〇メートル程度掘削して、地球惑星科学における学際的な研究を推進しようとする野心的な科学計画だ。その科学目標は、海洋地殻がどのように生まれるのかという海洋プレートの形成に関するものから、岩石と水の反応によってどのような変質作用が生じるのか、炭素が海洋プレートにどのように固定されるのか、地下奥深くにどのような微生物がどのように分布しているのかなど、地球科学の幅広い分野に関するものが並ぶ。

図29　国際ワークショップの後，コロンビア大学ラモント・ドハティ地質研究所にて掘削提案書を作成する(2012年9月18日)．ホワイトボードにまとめるケレメン教授(左)．

国際ワークショップには、多岐にわたる海洋プレートの研究者が集まった(図29)。首席研究者は、コロンビア大学のピーター・ケレメン教授とサウサンプトン大学のデーモン・ティーグル教授、そして、モンペリエ大学のブノワ・イルデフォンス博士だ。三名ともこの会議の半年少し前にM2Mのために来日し、銀座で一緒にふぐを食べた仲だ。もちろん、ふぐの話で盛りあがったのは言うまでもない。

この会議で、私はオフィオライト掘削計画によって期待されるマントルのレオロジー研究(第2章参照)について講演する。直後の休憩時間にケレメン教授からとても好意的な感想をもらえて嬉しかった。役割を果たせて安堵する。

国際ワークショップを経て提出したオマーン国におけるオフィオライト掘削提案書はＩＣＤＰに承認され、二〇一六年一二月から掘削が開始される予定となる。

大型科研費の採択

オフィオライト掘削計画が本格的に始まる二年前、私は憂鬱だった。この国際陸上科学掘削計画に名を連ねていたにもかかわらず、参加するための研究費がない。サンフランシスコで開かれたアメリカ地球物理学連合（AGU）ミーティングにも出席できない。AGUミーティングでは首席研究者のケレメン教授が私について「掘削計画への関心を失った」と語ったらしい。そんなわけあるか！　でも、研究費がなければ参加したくても動けない。

悶々とした日々のある日、海洋研究開発機構での国内会議を終えた新橋駅への帰り道、金沢大学の森下知晃教授と夕食をとる。少し飲みながら話していくと、オフィオライト掘削計画に参加するためには、日本学術振興会の科学研究費補助金（科研費）の基盤研究（A）もしくは基盤研究（S）を新たに獲得しないと日本の立場はきびしいことが予想できて、いつもよりもビールが苦かった。

基盤研究（S）は比較的少人数の研究グループが申請する種目のうちで最大規模のものという位置づけ。予算が大きく、地球惑星科学分野では毎年一～二件しか採択されない狭き門だ。私自身は、基盤研究（A）の実績があるが、基盤研究（S）については過去に一度だけヒアリングに進んだ経験があるだけ。そのため、二度目の基盤研究（S）の申請には少なからず躊躇したが、カウンターの横に座る森下教授に向かって半分酔った勢いで、自分が申請すると宣言した。

後悔、先に立たず。何度、これを反芻したことか。しかし、冷静になって考える。科研費がなければオフィオライト掘削計画への見通しはほとんど何もみえない。科研費の制度として、申請時に複数の研究課題の応募が許される。掘削計画とは別に、他の研究課題と並行して申請書を作成して挑戦しようと決意を固めた。

「最上部マントルの構造とモホ面の形成過程の研究〜海と陸からのアプローチ〜」という研究課題名の基盤研究（S）の申請書には、国際深海科学掘削計画（IODP）と国際陸上科学掘削計画（ICDP）の共同支援によるオフィオライト掘削計画が、海洋プレートとマントルを理解するためにいかに重要なのかを書いた。さらに前弧マントル掘削計画についても言及し、マントル研究には陸上研究だけでなく、海洋底研究も不可欠であることを論じた。想い描いた内容をかなり書けたように思えたが、自信満々とは言いがたかった。

すでに制度が変わったが、四月一日は長い間、日本国中の研究者にとって科研費の採択結果が通知される特別の日だった。あと数日で四月一日を迎える二〇一六年三月下旬、一通の電子メールが事務から届く。最初はその極めて事務的なメール内容を理解できない。「基盤研究（S）のヒアリングの準備をしてください」の一文を何度か読み返して、基盤研究（S）の書類選考を突破したことを悟る。採択結果の通知は四月一日と思い込んでいたが、二段階審査の基盤研究（S）は三月下旬に知らせがくることを思い出す。「おおー」と叫びながら部屋を飛び出し、研究室の学生さんを見つけ、ほぼ無理矢理ハイタッチして喜んだ。

ただし、この時点ではぬか喜びにならないとも限らない。ヒアリングに進んだ申請書の件数は、最低でも採択件数の一・五倍。基盤研究(S)は、ヒアリングの結果として不採択になった場合、多分に漏れず残念賞も何もない。実際、前回はヒアリング後に不採択となり、とてもキツい数年間を過ごした。あの経験は二度もしたくない。

四月一日、私と同じくオフィオライト掘削計画の申請書で応募していた高澤栄一教授(新潟大学)から基盤研究(A)が採択されたとの連絡が入る。「すごい!」と素直に思った。これでオフィオライト掘削計画について最低限の研究費が確保された。私のヒアリングは四月下旬に決まり、ヒアリングに向けて発表用スライドを作成して関係者に何度も評価してもらう。静岡大学本部の事務支援もありがたい。四月は週末を含めて、わずか一〇枚の発表用スライドを数え切れないくらいに何度も修正する。後にも先にもあれほどスライドの修正に時間と手間をかけたことはない。

事前準備の甲斐あって、ヒアリングの結果、私の基盤研究(S)は採択された。高澤教授の基盤研究(A)と合わせて、真っ向勝負したまさに奇跡の採択だ。この挑戦によって、私だけでなく日本の研究コミュニティが本格的にオマーン国のオフィオライト掘削計画に参加する下地が整う。誇らしく思う気持ちにうれしさは倍増した。

私と高澤教授は、海洋研究開発機構の田村芳彦博士と一緒に、二〇一六年七月にイギリス

図 30　サウサンプトン大学で会合を終えた後，ホテルのパブにて．左から，高澤教授，筆者，ティーグル教授，田村博士，ムター准教授（2016 年 7 月 24 日）．

のサウサンプトン大学海洋海事研究所に向かう。そこで、事務局としてオフィオライト掘削計画を指揮していたティーグル教授と面会し、日本側として特に地殻‐マントル境界の掘削計画を中心として本格的に参加する旨を伝えた（図30）。この地殻‐マントル境界掘削は、後に大勢の日本人研究者が参加する一大国際共同研究となる。

振り回される日本チーム

オマーン国のオフィオライト掘削は、ＩＯＤＰとＩＣＤＰが連携した初めての掘削計画だ。ＩＯＤＰは、科学掘削船を運用して、深海底を掘削しながら船上で科学分析を行なう。ＩＣＤＰは、主に陸上掘削の支援を行なうが、予算規模から行なえる科学分析は一部だけに限られる。首席研究者のケレメン教授は、ＩＣＤＰの一環として実施されるオフィオライト掘削計画で大量に得られると予想される岩石の柱状コアを、効率的かつ組織的・系統的に科学分析するために知恵を絞る。そして、航海の合間に停泊中の科学掘削船ジョイデスレゾリューション号船内に、オフィオライト掘削計画で得られたすべての柱状コアを持ち込んで船内設備を利用して泊まり込みで科学分析することを

ＩＯＤＰに合意させた。それだけでなく、船内作業にかかる多くの諸費用をＩＯＤＰ側に負担させるというかなり強力な手腕を発揮した。当初計画では、南アフリカ共和国の港で実施する予定だった。

ところが、ジョイデスレゾリューション号の航海日程が大きく変わって、この科学掘削船が使用できなくなる。そこでケレメン教授は、海洋研究開発機構と交渉して地球深部探査船「ちきゅう」のラボで科学分析することを提案した。

「ちきゅう」は、それまで地震発生帯掘削などの実績があったが、船上にあがってくるコアは主に堆積物だった。オフィオライトはガチガチの岩石であるが、「ちきゅう」船上で科学分析できれば、それは疑似マントル掘削計画（つまり疑似モホール計画）になる。本来の掘削自体はないものの、掘削後の船内の工程は同じになるはず。海洋研究開発機構も好意的だった。すべて、順調だった。

しかし、である。首席研究者のケレメン教授が「ちきゅう」船上の科学分析にかかる必要経費は船（海洋研究開発機構）側でもつべきだと主張した。当初からの約束のはずだ、と頑として譲らない。ＩＯＤＰ側もケレメン教授と交渉してくれたが、主張を曲げることはなかった。関係者は頭を抱える事態となった。

私は、悩んだ末に船上記載で必要な経費の何割かを基盤研究（Ｓ）で支出することを決断する。全額負担は無理だったが、研究課題の一部との位置づけで掘削計画で使用する消耗品な

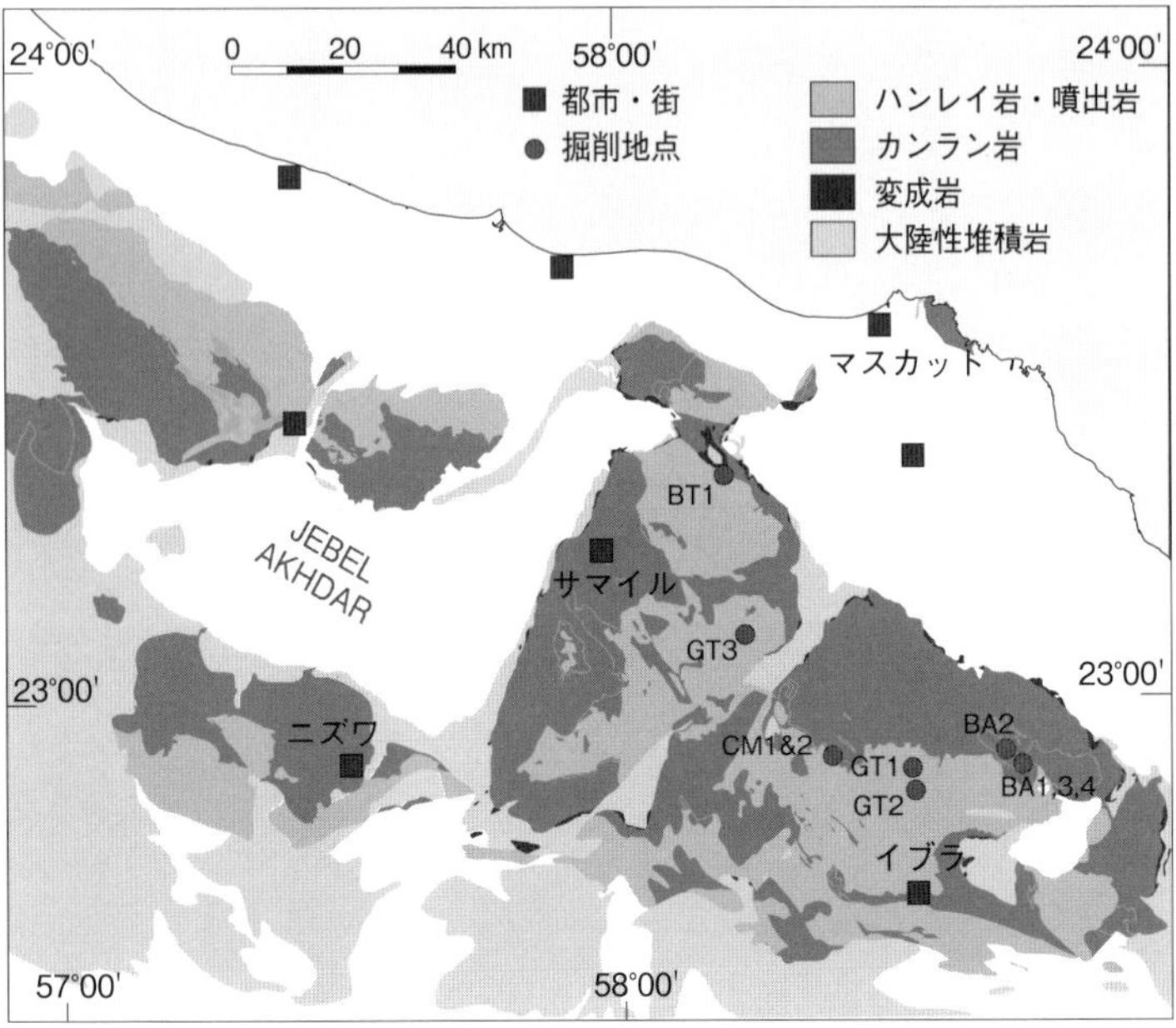

図 31　オマーン国のオフィオライトの地質図(上)と模式柱状図(次ページ). 記号は掘削地点.

どに支出することは十分に説明可能だ。その結果、日本側で他にも多くの項目について予算負担することでなんとか妥協点が定まって決着する。その際、J-DESCの木村学会長(東京大学名誉教授)から海洋研究開発機構の平朝彦理事長に正式な協力依頼の文書が送られた。こうして、日本の科学掘削コミュニティの支援の下で「ちきゅう」船上記載が実現することになった。正式に決定したのは、オマーン国で最初の掘削がすでに始まっていた二〇一七年一月のことである。私はIODP第

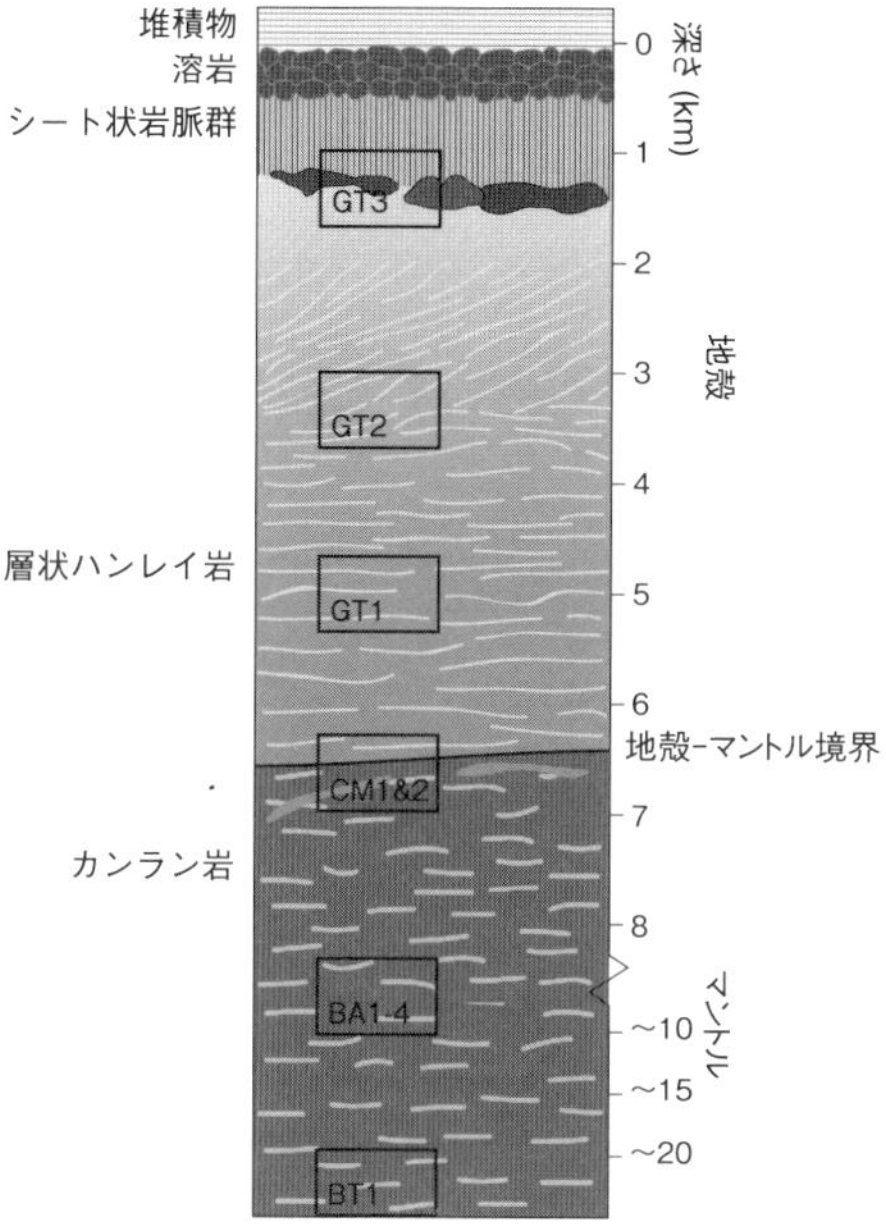

三六六次航海に参加しており、すべてが合意にいたった時には、ジョイデスレゾリューション号で船酔いに苦しみながら、マリアナ海溝の蛇紋岩海山を掘削していた。

オマーン国の掘削、始まる

第一期オフィオライト掘削がオマーン国で二〇一六年一二月二五日に始まる。二〇一七年三月二三日までの三カ月間に四カ所、合計で約一五〇〇メートル分の掘削コアが回収。第一期掘削では、主に地殻物質である複合岩脈と上部地殻ハンレイ岩、下部地殻ハンレイ岩がそれぞれ約四〇〇メートル掘削される他、オフィオライト基底部のマントルが炭酸塩岩化した部分を約三〇〇メートル掘削する(図31)。

第一期掘削では、海洋地殻物質(図31のGT地点)に加えて超苦鉄質岩が炭酸塩岩に変化した部分(BT地点)を掘削した。マントル物質であるカンラン岩が蛇紋岩になり、さらに炭酸塩岩に変化する。マントルが炭酸塩岩になる過程は、あまり馴染みがない現象かもしれない。

私自身にとっても、主な関心はマントルの流れ（クリープ）である。それもあって、正直、「ちきゅう」船上で炭酸塩岩の柱状コアを見るまでは、その存在をほとんど意識していなかった。マントル物質であるカンラン岩が地下深部で水と反応して蛇紋岩に変わる。この蛇紋岩がさらに二酸化炭素を含む水（つまり炭酸水）と反応すると炭酸塩岩に変化するのだ。この炭酸塩岩をリストベナイト（Listvenite）という。リストベナイトは、マグネサイト（白色）、ドロマイト（白色）、アンケル石（淡褐色）などの炭酸塩鉱物を主体とし、緑色の雲母《うんも》や透明な石英を含む岩石である。もともとがカンラン岩とは想像できない赤茶けた見かけの岩石。先にマントルにたとえたゆで卵の白身が二度にわたって味変するようなものだ。

マントルのどのあたりでカンラン岩が炭酸塩岩化してリストベナイトになるのか特定するのは容易ではない。一方、地球科学とは別にカンラン岩が蛇紋岩になり、リストベナイトに変わる過程は、二酸化炭素固定という地球規模の課題から大いに注目される現象だ。オフィオライト掘削計画は、海洋プレートの形成論のような理学的課題から地球温暖化問題のような環境学的な課題の解決まで、幅広い分野に貢献しようとする野心的な計画なのだ。

第二期オフィオライト掘削は二〇一七年一一月一五日に始まった。二〇一八年二月二七日までの約三カ月間に五カ所、合計で約一七〇〇メートル分の柱状コアが回収された。第二期では、蛇紋岩化作用が進んだマントル物質（BA地点）と日本チームとして高澤教授や森下教授が掘削地点を選定した地殻–マントル境界（CM地点）の掘削を行なう。それもあって、この

図 32　第 2 期オマーン掘削で地殻-マントル境界を掘削(2017 年 12 月 23 日).

サイトの掘削には、日本人研究者も多数参加する。このときの掘削の様子がＮＨＫ ＢＳの「コズミック フロント☆ＮＥＸＴ」で二〇一八年四月五日に放送される。私が静岡大学から名古屋大学に異動した直後の放送だった。そのため、収録時ではなく放送時の肩書きとして名古屋大学教授となっていた。ただし、番組のエンディングのリストには協力機関として静岡大学理学部地球科学科がある。

第二期では、ついに、マントルを掘削するのだと思った。もちろん、ここは地殻に含まれた超苦鉄質岩(カンラン岩／蛇紋岩)体の掘削であって、海洋底の六キロメートルよりも下に位置する真のマントル掘削ではない。それでも、史上初めての試みに胸が躍る思いだった。ところが、掘削されたマントル物質は、カンラン岩の緑色を呈しておらず、ほぼすべて水と反応して蛇紋岩に変わってしまっていて、見かけは真っ黒だった(図32)。

「道林さん、マントルの石って、真っ黒なんですね」と、後に東北大学の岡本敦教授に言われたときは返事に困った。

緑色を呈している掘削コアが採れるはずだった。

清水港に到着した掘削コア

「ちきゅう」は掘削航海のない時期には、清水港の第三興津《おきつ》埠頭に停泊していることが多い（新幹線の車窓から清水港に停泊中の「ちきゅう」の櫓を確認できる）。これを利用して、オマーン国で掘削したオフィオライトの柱状コアの船上記載が、清水港の「ちきゅう」船内で実施される。第一期掘削によって得られた岩石の柱状コアの第一便は、オマーン国から貨物船に乗って二〇一七年三月末に清水港にやってきた。港は静岡大学からは車で三〇分程度。そのため、港湾での輸入手続きの多くは、海洋研究開発機構の通関担当者と連携しながら、私が請け負う。

すべての手続きを終えて、トラックに乗せられた柱状コアが興津埠頭に到着。「ちきゅう」のクレーンで船内に積み込まれるのを見ながら、通関担当者の方々と一緒に喜んだ（図33）。本当に、ここまできたんだな——これでまた一歩、マントルに近づいたような気がした。

図33　オマーン国から船便で柱状コアが届く．それを港でコンテナに入れて，クレーンで「ちきゅう」船内に運び込む（2017年3月30日筆者撮影）．

図34　2017年の国際研究チーム（2017年8月15日）．右上は首席研究者で左から，ケレメン教授，ハリス博士，筆者，ティーグル教授，高澤教授．後方に見えるのは「ちきゅう」の櫓．

「ちきゅう」船上合宿

「ちきゅう」の船上記載は、二〇一七年と二〇一八年の夏にそれぞれ二カ月間実施される。ただし、研究チームは一カ月で交代する（図34）。私はどちらも後半の一カ月間乗船した。船内合宿の中、「ちきゅう」見学として船後方の掘削オペレーション室や機関室、さらには一〇〇メートル上方の櫓の最上部まで案内してもらう。また、「ちきゅう」は清水港だけでなく、出港して沼津沖の洋上に停泊することも何度かあった。二〇一七年夏の最後には清水港から八戸港まで回航したので、東北沖の外洋航海も経験した。

「ちきゅう」のような掘削船は多くの場合、事故防止のため禁酒である。これをドライシップ（dry ship）という。こっそりと持ち込むことも厳禁であり、寝室で酒類が見つかったらどんなに言い訳しようと強制的に下船させられてしまう。こうした事情もあって、前半と後半の研究者が入れ替わる日に、

図35　2018年の国際研究チーム(2018年8月5日).

清水港のホテルで一堂に会した盛大なパーティを開催する。一カ月間ずっと禁酒していた前半チームと、これから一カ月間の禁酒生活が始まる後半チームの、双方の世界中の研究者が、静岡の生鮮野菜や海鮮料理と地酒を楽しんだ(図35)。

さて、船上における作業について説明しよう。

「ちきゅう」のような科学掘削船には、通常の石油掘削船とは異なる大きな特徴がある。船内に岩石の柱状コアを分析するための科学的な機器類を備えた研究室が複数あるのだ。ＩＯＤＰによる科学掘削は港から遠く離れた外洋で二カ月間実施されることが多い。そのため、科学掘削航海は、二カ月以上の洋上生活に必要なすべての物資が搭載される。

深海掘削中はずっと洋上に停泊するので、まるで海の孤島にいるようなものだ。しかし、二カ月間洋上の船内で深海底から掘削された岩石があがるのを見ているだけでは時間の無駄である。乗船研究者は、掘削されたばかりの岩石をすぐに観察して分析したい。この欲求に応えるため、必要最小限以上の科学分析が行なえるように船内の限られたスペースに分析機器が設置されている。

「ちきゅう」船内の宿泊設備に加えて、この研究設備を利用するために、我々はオマーン国で掘削された総計で三・二キロメートルに及ぶ長大な岩石の柱状コアを「ちきゅう」に持ち込んだ。洋上生活するための寝室や食堂は、研究チームを丸ごと収容できる規模があるため、効率よく科学分析できるのだ。スペースの限られた船内だが、陸上の研究室でこのように分析機器を集積させた宿泊施設はない。乗船研究者は船内生活しながら一二時間交代制で、岩石の柱状コアの分析に没頭した。

遠洋で実施されるIODP掘削航海と同様に、研究チームは専門分野ごとに小グループに分かれた。大まかには岩石の基本的な記載をするグループ、組織構造を記載するグループ、化学分析するグループ、岩石の物性を測定するグループ、である。一二時間の交代制で、昼夜問わず実施する。なぜ夜勤までする研究者が必要なのかというと、一カ月間で記載する掘削コアの量が膨大だからだ。

深海底掘削のなかでも特に岩石掘削の場合、海底で掘削されたコアが船上まであがる間に掘削パイプからポロポロと岩石がこぼれ落ちてしまう。掘削した深さに対する岩石の回収率は高くても二〇%くらい。つまり、四〇〇メートル分を掘っても八〇メートル分しか、岩石は手に入らない。そのため、船上記載は、時間的にかなり余裕をもって記載できる。

しかし、オマーン国での陸上掘削では、掘削パイプにぎっしりと詰まった状態で地下から地上にあがってきた。そして、四〇〇メートルの掘削をして四〇〇メートルの岩石コアを回収できた。結果として、全長一五〇〇メートル（第一期分）の量の掘削コアが採れた。これを

図36 「ちきゅう」船内で半割された柱状コアを観察しながら記載（左：2017年8月20日，右：2018年8月7日）．

わずか二カ月間で記載するのだ。単純計算で、一日に二五メートル分の掘削コアを記載しなければならない。さらに、掘削コアについて記載した内容を最終的に掘削レポートとして公開するため、文章を練り、写真撮影し、図を作成するところまで終える必要がある。その労力は、学術研究論文の原稿を何度も書きあげる作業量となり、全員が息つく暇もなく、毎日毎日、まさに山のような岩石の柱状コアをひたすら記載し続けた。それは、見方によっては地獄の合宿生活だった。

岩石の基本的な記載は、切断前と切断後に分けられた。切断前の掘削された状態は長さ約一メートルの円柱状である。これを科学掘削船としては唯一「ちきゅう」だけがもつX線コンピュータ断層撮影（略してX線CT）装置で三次元解析をする。X線CT装置は病院で人が横になって頭や体の断面を解析する医療用のもの。人が横たわるベッドに円柱状の岩石コアを載せる。そのままでは転がってしまうので特別設計のケースに固定して分析する。その後で物性測定用のコアロガーによって密度や帯磁率などを測定。ここで円柱状の掘削コアは半分に切断される(半割。円柱方向に半分に割ってかまぼこ状にする)。最初に切断面を高感度カメラで撮影し、ようやく研究者の手元に並べられた(図36)。

研究者の仕事は切断面を観察して鉱物を同定することから始まる。ルーペを使って切断面を拡大して数ミリメートルかそれ以下の小さな鉱物とその特徴を書き出す(図37)。さらに鉱物の形や方向性があれば分度器で測定する。この記載が、これ以降のすべての基準となるため、気を抜くことはできない。この作業を一メートルの切断面に対して数センチメートル間隔で行なっていく。そして、一二時間(一日の作業時間)で二五メートルの切断面を観察して記載していく、本当に途方もない仕事量だった。しかも、この作業が一カ月間続いた。

図37　ルーペを使って丁寧に切断面の鉱物結晶を観察する研究者．特徴的な部分には付箋が貼られている(2018年8月11日)．

私は、午前○時から午後○時までの一二時間を担当する首席研究者だった。この時間帯を夜ワッチという。昼ワッチの午後○時から午前○時までの首席研究者と二人で、一カ月間で八○○メートルの長大な掘削コアの記載を円滑に行なえるように調整するのが役目だ。

個人的には、「ちきゅう」船内にある医療用X線CT装置の分析に興味があって、首席研究者の仕事をしながらX線CT装置で得られたデータを解析した。岩石をつくっている多くの鉱物は光を透さないため、岩石の内部構造を調べるためには切断して薄片を作成する必要がある。この薄片の作成には早くても一〇時間必要だった。さらに、薄片は縦四センチメートル、横二センチメートルのガラススライドの大きさしかない。このように、岩石の薄片観察が時間もかかり観察できる大きさも限られるのに対して、X線CT装置のデータ分析からは長さ一メートルに及ぶ掘削コアの岩石の内部構造を連続した立体構造として明らかにできる。ただし、実際の鉱物の同定にはやはり薄片観察が必要だ。

午後〇時前後の昼食時間は、夜ワッチと昼ワッチが交代する時間帯となる。交代にあたって、毎日のミーティングが午後一時にあり、それぞれの研究グループが交代で前日までの作業内容を発表して、今後の方針を確認した。夜ワッチの研究者は疲労感を漂わせつつも仕事終わりで安堵しており、昼ワッチの研究者は休養をとって溌剌として、皆が顔をあわせると自然と笑顔でにぎやかになった。ミーティングが終わると夜ワッチの研究者は就寝までの数時間のオフタイムを思い思いに過ごした。トレーニングルームで汗を流す者、午後の日光浴を楽しむ者、レクリエーションルームで談笑したり、家族に携帯電話で連絡をとったりと気ままに過ごすことが翌日への活力になった。

幻の夕食ビュッフェ

記載作業は、単調な作業になるのでストレスが大きく、誰もが次第に消耗していった。そんな中、幸せな時間だったのが食事である。

「ちきゅう」の船内レストランは、午前六時に朝食ビュッフェ、午後〇時に昼食ビュッフェ、午後六時に夕食ビュッフェ、午前〇時に夜食ビュッフェとなっていた。それぞれ前後を含めた二時間以内に食事する(図38)。

ビュッフェに並ぶ料理は和・洋・中華まで様々であり、欲張ってお皿に盛ると間違いなく太りそうなくらいに、どれも美味しかった。科学掘削船に限らず、研究船の料理がまずかったら、研究者はストレスで研究活動に支障がでてしまうに違いない。船上生活が続くと研究者の疲労が少しずつ蓄積していくので、ほんのひとときではあったが、食事する間だけは誰しも陽気で幸せだった。自然に笑顔になった。

図38 「ちきゅう」船内の食事(2017年7月28日).

ただし、この食事のメニューが夜ワッチには不利なのだ。昼ワッチは午前一一時頃に昼食ビュッフェからはじまり、夕食、夜食の三食である。これに対して、夜ワッチは、午後一一時頃に夜食ビュッフェで朝食をとり、午前六時の朝食ビュッフェがランチ、午前一一時過ぎに昼食ビュッフェで夕食となる。午後六時の夕食ビュッフェのときは、寝室で睡眠中。

ずいぶん後で知ったのだが、「ちきゅう」では、夕食ビュッフェが最も豪華な献立だった。お寿司も出たそうなのだが、一度も賞味しないまま下船した。研究グループで一番ラッキーだったのは、午前八時から午後八時までのワッチを担当した変成岩のグループだった。彼らは食事を楽しんでいた。仕方のないこととはいえ、私を含む夜ワッチの研究者には幻の夕食ビュッフェだった。

真夜中の岩石切断

二〇一八年八月二〇日、清水港午前三時、街灯以外は夜の闇が深まり、頭上で星々がきらめく頃、「ちきゅう」船内の一角でキーンという騒音を立てながら岩石の柱状コアを小さく切っていく。「道林さん、次はこれね」と言いながら手伝ってくれたのは、広島大学の片山郁夫教授。我々は、日本にいながら夜ワッチとして午前〇時から午後〇時まで働いていた。完全なる夜型になって二週間、朝焼けに映える富士山を見るのが毎日の楽しみだった。

この年の四月に名古屋大学に異動し、まだ引っ越しの片付けも完了しないまま、八月五日から九月五日まで再び「ちきゅう」に乗船した。今回の目玉は、日本チーム待望の地殻-マントル境界で掘削された柱状コアとマントルの蛇紋岩化した柱状コアだ。一年前と同様に七月五日からの二カ月間、一カ月ごとに二つのチームに分かれて、「ちきゅう」船上で二四時間態勢の記載を行なった。前回よりも日本人参加者が多い。広島大学の片山教授も初めて乗船し、物性観測チームリーダーとして、私と同じ夜ワッチになった。

柱状コアの記載が一通り終わると、サンプリングパーティが開催される。乗船研究者は、記載しながら研究したい部分をある程度決めておいて、サンプリングパーティの期間に名前付きのラベルをほしい部分に貼っておく。他の研究者と競合する場合には、話し合いが行なわれる。それでも決着しない場合には、首席研究者が間に入って調整する。

サンプリングパーティが終了すると、希望に従って切り出し作業をする。ここで、ほとんどの研究者は次の新しい柱状コアの記載をする仕事に戻る。そのため、全体の調整役であり、記載ルーティンに入っていない首席研究者だった私が、研究者の持ち帰り用の岩石の切り出し作業を担当する。これが午前二時から二、三時間続く。

オフィオライトの岩石の柱状コアは硬かったので、強力な岩石カッターを船に持ち込んだ。数センチメートルから数十センチメートルまでの長い掘削コアから数千個の岩石チップを切り出す作業は大変だ。切った後で、間違えないようにラベルを貼り、研究者ごとに箱に詰めていく。もちろん、私一人で完了できる工程ではないので、各研究グループから少しずつ応援が来る。

「道林さん、手伝いますよ」と言って、頻繁に助けてくれたのが広島大学の片山教授だった。片山さんは東京工業大学で博士号を取得後、イェール大学の唐戸俊一郎教授のポスドクとしてマントルの実験研究を開始した。私よりも一回り若く、いつも溌剌としていながら鋭い洞察力で次々に興味深い研究を発表し続けており、若くして日本の地球惑星科学を牽引する研究者の一人だ。ＡＧＵミーティングで片山さんに初めて会ったのが二〇〇五年。それ以来、これまでに何度も共同研究してきた間柄だ。

午前三時の深夜に、名古屋大学と広島大学の教授二名で切り出し作業をしている様子は、端から見ると面白いだろうなと思いながら、柱状コアを片っ端から切断しては片山さんに渡していく。午前五時までにその日の切り出し作業が終わる。「道林さん、朝メシに行きましょう」といつもの溌剌とした調子で誘ってくれる。

図 39　午前 5 時頃，日が昇る前，「ちきゅう」の櫓の左手に見える富士山 (2018 年 8 月 10 日).

夜ワッチとしてはランチタイムになる朝食ビュッフェで食事を済ませると、「ちきゅう」のヘリデッキにあがって朝焼けの富士山をながめる(図39)。それからラボに戻って、柱状コアの記載に戻る毎日。週末もなく一二時間交代制の船内生活が二週間を超える頃、「もういいです、限界です」と口癖のように言っていた片山さん。下船後には、「道林さん、「ちきゅう」は楽しかったですね、また、やりましょうよ」と言ってくれた。実際、片山さんは、この後、学生たちと再度「ちきゅう」に乗船して追実験をしたりして、オマーン掘削計画からはじめた研究をモリモリと進めている。

盛りあがるコミュニティ

オマーン国のオフィオライト掘削計画には、世界中のハードロック(文字通り「硬い岩」だ)掘削コミュニティから参加があった。一年目(二〇一七年)の「ちきゅう」船上記載をした年の冬にサンフランシスコで開催されたAGUミーティングで、最初の成果報告を行ない、その後に続く世界中の研究者による研究に期待が高まる。国内でも翌二〇一八年五月の日本地球惑星科学連合大会に首席研究者のケレメン教授とティーグル教授を招聘して、オフィオライト掘削計画の成果報告会を開催する(図40)。

図40　日本地球惑星科学連合大会でオフィオライト掘削計画の成果発表をする(2018年5月22日).

地殻-マントル境界の掘削に関わった日本人研究者数は大学院生を含めて三十余名に及び、国内における掘削科学コミュニティの底上げにつながった。さらに、オフィオライト掘削計画の研究成果は、二〇二〇年から『地球物理研究誌(JGR)』誌の特集号の論文として発表される。総数は五〇編を超えたが、日本人による論文も一〇編近くあって一定の存在感を示すことができた。さらに、二〇二〇年一月に、オマーン国のスルタンカブース大学でオフィオライト掘削計画とそれに関連した海洋プレートの国際学会が開催される。この会議にも、日本から大学院生を含めて多くの参加者があった。

オフィオライト掘削計画によって、特に「ちきゅう」に搭載されたX線CT装置は、柱状の岩石の掘削コアの内部構造を立体的に画像化できることを証明した。X線CT装置は医療用だけでなく科学分析用の精度の高い装置も広く使われるようになっているが、本掘削計画の成果はその先駆けとなったと思う。オフィオライトから掘削された総計三・二キロメートルに及ぶ長大な掘削コアの解析から、岩石への浸水量が当初予想よりも大きいことが明らかになった。この結果は、海洋プレートへ水が浸透するときにおこる化学反応の理解に大きく貢献するはずだ。これから一〇年先までオフィオライト掘削計画で得られた柱状コアの研究成果が発表され続けることだろう。

「ハードロック」なマントル

地球深部探査船「ちきゅう」にとっても、ハードロック掘削の船上記載を実施できたという意味で、よい機会となったと思う。「ちきゅう」でハードロック(硬い岩)な海洋地殻やマントルの掘削コアを切断するには、標準で搭載されている岩石カッターでは力不足だった。オフィオライトの掘削コアは、船内の岩石カッターでは切断できず、半割は清水港近くの石材店で実施してもらった。真夜中に広島大学の片山教授と行なった切り出し作業も、船に新たに持ち込んだ岩石カッターを使用した。これらの経験は、将来、太平洋沖で実施されるマントル掘削の際に、役立つはずだ。

科学者サイドにとっても、マントル掘削計画を想定して建造された「ちきゅう」船内で一カ月間生活しながら行なった柱状コアの記載は貴重な体験となった。参加した大学院生の中から、将来の掘削計画を牽引する逸材が登場することを期待したい。まだマントルに届く掘削ではなかったが、想定できる設定で限りなくマントル掘削に近い疑似体験ができた。あとは、一〇年後、もしくはその一〇年後か二〇年後、マントルへの掘削計画が実現するだけだ。

めざせマントル！

6 超深海への潜航

一通のメール

二〇二一年七月一三日、東京海洋大学に異動した北里洋特任教授(「北さん」)から伊豆・小笠原海溝の地質構造と形成過程に関する最近の研究動向についての質問がメールで届く。二〇一三年に一緒にトンガ海溝へと航海(第3章参照)して以来、久しぶりの音信。

私は、二〇一七年に前弧マントル掘削計画の事前調査を兼ねて伊豆・小笠原海溝陸側斜面の調査を「しんかい6500」で実施しており、我々のチームは少しずつ興味深い結果を得つつあった。しかし、なぜ北さんが伊豆・小笠原海溝の最深部に興味があるのだろうと、少し不思議に思いながらメールをやりとりする。

七月二一日午前一一時、北さんから再びメールが届く。これまでのように海溝研究に関する科学的な質問ではなく、アメリカの民間研究船である潜水母船プレッシャードロップ号とフルデプス潜水船(海洋最深部に潜航する潜水船)リミッティングファクターによる日本近海の海溝底の潜航調査航海が決まり、研究チームに加わる人を集めているという驚きの内容だった。そして「道林さん、あるいは興味がある研究者一名に乗っていただければと考えております」との文を読んだところで、一気にボルテージがあがる。

「しんかい6500」は文字通り水深六五〇〇メートルまでしか潜れない。伊豆・小笠原海溝をはじめとしてマリアナ海溝やトンガ海溝の研究をしながら、水深六五〇〇メートル以深の地質調査ができないことを常々残念に思っていたし、授業や講演など機会がある度に海溝最深部に潜航調査する夢（重要性）を語っていた。そのため、北さんのメールを読み終わると、すぐさま返信した。「ぜひ、道林を乗せてください！」

二転三転する日程

当初は、二〇二二年五月二三日にグアムから出港、一四日間で琉球海溝と伊豆・小笠原海溝で複数回の潜航調査を行ない、六月六日または七日に横浜港に寄港。その後、日本海溝の潜航調査をしながら北海道に向かっていき、苫小牧《とまこまい》港に入港して終了する予定だった。この日程は、名古屋大学の春学期の真最中であり、日本地球惑星科学連合大会の日程とも完全に重なる。しかし、このような機会は二度とないだろうから、すべてに優先させて乗船する覚悟だった。ところが、ここから航海日程は二転三転する。

九月二日に北さんから久しぶりにメールが届く。民間潜水船の大富豪のオーナー（この時点では誰のことか知らなかったし、誰でもよかった）の都合によって七月六日にフィリピンのセブ島から乗船して、琉球海溝、伊豆・小笠原海溝、日本海溝を順次潜航して、七月三〇日に釧路《くしろ》港で下船する日程に大きく変更された。さらに、伊豆・小笠原海溝の潜航調査は、最初にオーナーが潜航した後で、二回目もしくは三回目での潜航調査になる。おそらく二五日間乗船しても調査できるのはわずか二～三日となるが、まだ乗船する気はあるかとの問い合わせである。私は「もちろん乗船したい！　日程変更のおかげで講義は二回補講するだけでよくなり、日本地球惑星科学連合大会にも参加できるので、むしろありがたい」と返信する。

この後、日本の排他的経済水域内での調査を申請する事務手続きが始まる。状況がよくわからないまま、申請のための個人情報とこれまでの海溝研究の実績などを提供した後、しばらく連絡が途絶えた。

次に日程が動いたのは二〇二二年三月一日。レグ1（レグとは寄港地で区切った航海期間のこと）は七月八日に横浜港で乗船して八月四日に横浜港下船、レグ2は八月四日横浜港で乗船して八月三一日に横浜港下船となる。もちろんこの日程でも参加することを伝えた。乗船と下船がどちらも横浜港になったおかげで移動が楽になり、むしろ嬉しい。しかし、これでも決まらない。

四月一八日に北さんから連絡があり、レグ1は八月四日に沖縄の那覇《なは》港から八月三〇日の横浜港まで、レグ2は八月三一日横浜港から九月二一日横浜港までとなる。真夏の沖縄に行くことになり、旅費や宿泊費が高そうで心配になる。

さらに五月二六日午前中に北さんからメールがあり、レグ1が八月三日那覇港から八月二八日横浜港まで、レグ2が八月二九日横浜港から九月一九日横浜港までに変更となる。ここまで変更が続くと、日本側の事務手続きを担当していた北さんも相当に大変だっただろう。

同日午後に二通目のメールがあり、作業靴とヘルメット着用が必要なので持参すること、八月三日出港として七二時間以内にPCR検査をする必要があるので、七月三〇日もしくは三一日に那覇入りした方がよいことがわかった。このメールを受け取った時点で、名古屋発那覇行きの飛行機片道チケットと宿泊施設を予約する。幸い、五月下旬の時点ではチケット代も宿泊代も心配したほど高くなく安堵する。

六月七日の夜に北さんからメールがあり、外務省から海溝への潜航許可がおりたとのこと。ここでようやく研究航海が確定した。

とにかく沖縄へ

名古屋大学の講義を含むほとんどの学事を済ませた七月二九日、北さんからメールが届く。乗船日が三日から四日または五日になりそうだという。これに伴ってPCR検査は八月二日以降に変更せざるを得なくなる。出発直前に日程が流動的となったことで不安を抱えたまま、七月三〇日に那覇空港に向かう。ここまでは単独行動で、一体誰が一緒に乗船するのか、北さん以外はメールアドレスしかわからない。

沖縄にくるのは、大学生以来で、ほぼ三〇年ぶりだ。当時は飛行機ではなく、大阪南港から二泊三日のフェリーだった。那覇空港に到着すると、見るものすべてが新鮮で、南国特有の雰囲気に心が躍る。ホテルは一九七五年の沖縄国際海洋博覧会に合わせて建築された立派な建物で、部屋も外国仕様のように広い。

到着日から乗船までコロナ感染を避けるため、できるだけ人出のある場所を避けて単独行動に徹することにする。さらに、予算も手薄なので、初日の夕食だけは、少しだけ沖縄料理を楽しむが、翌日からはお手頃な食堂で済ませたり、コンビニでおにぎりを買って凌いだ。

ホテルにいても不安が募るばかりでデスクワークも手につかない。そこで、那覇市内を散策して過ごす。散策しながら目に映る那覇市内の様子や海岸線は、とても面白かった。翌日はさらに足をのばして、首里城まで歩く。首里城は、学生時代に来たときに観光した記憶はあったが、記憶と実際の様子はかなり違った。

歩くだけでは限界を感じたので、首里城からの帰りにクロスバイクを八月三日までレンタルする。本当はロードバイクにしたかったが、クロスバイクの方が格段に安い。午後にPCR検査を予定していた八月二日の午前中は、クロスバイクで那覇から沖縄本島南部を見て回る。

早朝の那覇市内を抜けて国道沿いに海岸線に出ると、南の島の美しい海が広がる。陽が高くなるにつれて、真っ白な家屋はどこまでも青く澄んだ空に浮かぶようだ。昼頃になると気温が上昇し、暑さが増してくる。道沿いに入った食堂で食べた冷やし中華が美味しい。

ＰＣＲ検査は陰性。それでも、ここから感染するわけにはいかない。八月三日は、大学四年生だった一九八八年に初めて学会発表した琉球大学にクロスバイクで向かう。途中、通り雨をバス停の屋根の下やトンネルでやり過ごしながら、昼前に琉球大学に到着する。

おぼろげな記憶では、キャンパス内に大きな歩道橋がかかっていて、そこを行き帰りした思い出があった。当時の気負いが、思い出の中の歩道橋を大きく感じさせたようだ。こんな感じだったかなぁ、と思いつつも、懐かしい。大学の食堂でランチを食べた後、小雨の中を那覇まで走る。

いよいよ明日が乗船という八月四日は、糸満《いとまん》まで海水浴に出かける。海水浴なんてずいぶん久しぶり。単独行動のおじさんがひとりで海水浴をする構図は、自分で想像しても苦笑ものだ。しかし、せっかく沖縄にいるので、海水浴をしてみることにした。慣れないことをしているので、無理に泳がず、背泳ぎでプカプカと浮いているくらいだったが、沖縄の海はキレイで気持ちよかった。来てよかった、と思う。

冒険家ビクター・ベスコボさんに会う

八月五日、午前九時に那覇新港の待機所にタクシーで向かう。そこで、ようやく今回乗船する研究チーム一同が会した。北さんと、共同研究者で首席研究者の西オーストラリア大学深海研究センターのアラン・ジェミイソン（Alan Jamieson）教授と学生さん、南デンマーク大学超深海研究所のアンニ・グリッド（Anni Grid）さん、三日の夜に顔合わせしていた海洋研究開発機構の藤原義弘博士、東京大学大学院生の波々伯部夏美さん、「しんかい６５００」のパイロットの石川暁久さんの他に、ＮＨＫ取材班の三名だ。

我々一行は、潜水母船プレッシャードロップ号に向かった（図41）。

図41　那覇新港のプレッシャードロップ号（2022年8月5日）.

プレッシャードロップ号に乗船すると、そのままトップデッキで全員がコロナ検査を受ける。その後、船員さんから船内を案内してもらう。気がついたら、ジェミイソン教授の学生さんがいなかった。数日後に判明したのだが、乗船直後のコロナ検査で陽性だったので、強制的に下船させられて帰国していた。

食堂を案内してもらうと、グレイヘアをポニーテールにして食事している一人の紳士がいる。服装もポロシャツにジーンズながら、どこか上品な雰囲気があって、明らかに船員さんとは違う。この紳士が、大富豪のオーナー、フルデプス潜水船リミッティングファクターのパイロットで、世界的な冒険家のビクター・ベスコボ(Victor Vescovo)さん。

ベスコボさんは、我々が食堂に入るとすぐに立ち上がって気さくに挨拶をかわす。とても温厚そう。しかし、日が経つにつれて、ベスコボさんが現れると、まわりの雰囲気が引き締まるのを感じた。ベスコボさんは、支援母船プレッシャードロップ号とリミッティングファクターのオーナーであり、この船を運用する会社の所有者でもある。つまり、すべての決定権は彼にあった。

船上ミーティングで潜航が決まる

船内で最初の昼食をとる。ビュッフェ方式で料理が並ぶ。午後二時から早速全体ミーティング。互いに自己紹介をして、本航海の概要と潜航者について話し合う。最初に琉球海溝最深部の海溝底の調査と潜航を行ない、それから伊豆・小笠原海溝最深部、それから北上してプレート三重点、最後は日本海溝最深部の調査をする予定だ。

それぞれの海溝最深部への潜航者について、ベスコボさんとジェミイソン教授が提案しはじめる。伊豆・小笠原海溝最深部への潜航者はベスコボさんとジェミイソン教授だった。そのとき、北さんが日本側代表として話しはじめ、伊豆・小笠原海溝最深部へは日本人研究者である名古屋大学の道林克禎教授にしたいと提案する(図42)。

私は固唾をのんで、事の成り行きを見守る。今回の乗船と潜航は、あくまでも北さんから

図42　8月5日のミーティング．この日，すべての予定が決まった．右から北さんこと北里洋特任教授と，冒険家で船のオーナーのビクター・ベスコボさん．

の提案によるものだったし、船自体はベスコボさんの所有物である。私には強く発言することなどできない。

ベスコボさんとジェミイソン教授は、顔を見合わせた後、いいんじゃないのという表情になった。この時、私が伊豆・小笠原海溝最深部に潜航することが決まる。会議は続き、すべての潜航候補地点に潜航者が割り振られた。ミーティング終了後、ジェミイソン教授から「君が日本人最深部潜航記録を更新する日本人になるね」と声をかけられた。それだけ、この潜航には大きな意味が含まれていた。

これまでに伊豆・小笠原海溝陸側斜面の地質調査とマントルの研究を続けてきた。「しんかい6500」への乗船経験もある。しっかりと役目を果たす自信はある。一方で、日本人最深潜航記録を一介の名も知られていない大学教授が担っていいものかと不安もあった。それでも、マントルに一番近い海溝底に行きたいという思いは大きかった。

そして、出港翌日から琉球海溝での潜航が始まる。

九時間半の潜航に向けて

琉球海溝最深部から伊豆・小笠原海溝最深部までの回航は三日かかる。途中、波高が高くなり、案の定、船酔いに苦しむ。しかし、伊豆・小笠原海溝最深部近くまで来ると、天候はよく、海況も穏やかになる。おかげで体調も回復する。

ここで問題が発覚する。一年前からジェミイソン教授が申請者となって日本の排他的経済水域(EEZ)内で潜航するための許可申請を行なっていた。もちろん、許可はおりている。ところが、潜航点として記していた地点が、実際の最深部から大きくずれていた。

「どうするんだ?」ミーティングでオーナーのベスコボさんが、最深部に潜航しないのでは意味がない、潜航を遅らせても許可がおりるまで待つべきだ、と強い調子で言った。一同、何も言えなかった。すぐに日本の関係省庁と連絡をとったところ、幸いにも思った以上に早く、最深部への潜航の許可がおりた。当初の計画通り、八月一三日に潜航は実施されることに決まる。

潜航当日は、午前五時過ぎに目が覚めた。すぐにデッキに出て天候を確認する。快晴だ。潜航予定時間は九時間半という。潜航の行き帰りでそれぞれ三時間半、海溝底に二時間半だ。もっと長くなるのではと緊張していたが、九時間半と言われて落ち着いた。「しんかい6500」でも六五〇〇メートル近くまでの潜航では九時間かかったので、たぶん大丈夫だ。

潜航開始!

朝食はとらず、水を少し飲む程度にする。潜航のために用意してきた服装に着替える。コロナ禍の二年間、週末ごとにロードバイクで一〇〇キロメートル以上を一〇時間近く走っていたので、体力的には問題ない。潜航当日まで、日本側の研究チームは、船内がどのくらい寒くなるのかなど、フルデプス潜水船リミッティングファクターの潜航中の環境について、あまりよく理解していなかった。ジェミイソン教授からは、船内がすごく寒くなる、潜航後に下船すると足がガクガクと震える、と聞いていた。

私は、上半身には、冬用の厚手のインナーを着て、その上からマントル君(研究室の学生たちが創造した地球のキャラクター)のポロシャツを着る。高機能肌着を忘れたので、肌着は普段のもの。下半身には、厚手のレギンスの上から伸縮性の高いロードバイク用のパンツをはく。その上に船側が貸してくれたつなぎの潜航服を着た。

日本チームと記念写真を撮った後、乗船までの数分間、冷房の効いた部屋で待機する。特に何をするのでもないが、刻一刻とその時が来るのを待つ。準備ができたとの声とともに、ベスコボさんが立ち上がり、彼についていく。デッキに出ると、午前八時の夏の日差しが眩しい。NHK取材班に軽く会釈して、リミッティングファクターに向かう。

ベスコボさんが船内に入るのを見届けて、潜水船の入り口に立つ。救命胴衣を脱いでアシストのスイマーに渡す。梯子を確認しながら一歩ずつ船内に下がっていく。ここまで来ると、もうなるようにしかならない。最後に、母船から見守っている日本チームや船員さんたちに会釈して船内に入った(図43)。

ベスコボさんは、私の足をつかんでステップに誘導してくれた。無事に座席に座り、直ちに潜航服を上半身だけ脱いだ。船内は夏の日差しを受けて生暖かった。ベスコボさんがハッチを閉めると、船内気温はさらにぐんぐんと上昇して汗が噴き出た。朝から水をほとんど飲んでいなかったので、喉の乾きで苦しい。事前に用意していたあめ玉をなんとか見つけて口に含んで、どうにか凌ぐ。

図43　リミッティングファクターに乗り込む.

潜航準備が完了し、タンクに海水が入る。「しんかい6500」は、一分もかからずに潜航しはじめるが、リミッティングファクターは沈みはじめるまで時間がかかる。体感的には三分くらいだった。

どんどん深海へ

一旦潜航が始まると、リミッティングファクターは速い。数十分で一〇〇〇メートルに達した。船内の気温は少しずつ下がっていく。汗もとまり、寒さを感じる前に潜航服を着ようとした。腰を少しあげて潜航服を着ようとするが、なかなか腕が通らずジタバタした。みかねたベスコボさんが手を貸してくれる。

約九八〇〇メートルの超深海底までの三時間半は、とても楽しかった。パイロットのベスコボさんは一五分ごとにテキストメールを母船に送信し、三〇分ごとに交信して、潜航が順調であることを知らせる。それ以外は特にやることがなかったので、いろいろな話をする。

世界的探検家と二人きりでいる貴重な機会だったので、世界ギネス記録となった数々の冒険や潜航の話からお互いの名前の意味やその由来まで、思いつく限りの様々な質問をする。そのなかで、すべての潜航時に帯同してきたという、実の姉から贈られたお守りのマスコットも見せてもらう。

六五〇〇メートルを超えて未経験の水深を次々に示す水深計を見ながら、リミッティングファクターがさらにどんどん潜っていくことを改めて自覚した時、超深海へ行くすごさを強く感じた。

船内に取り付けられた金具のきしむ金属音が時々キン、コンと短く響く。水圧によって耐圧殻が縮んでいるためだ。ベスコボさんは、「超深海への潜航の度に金属音が響くが、問題ないから」と言う。しかし、今から振り返ると、なかなかとんでもない体験だったかもしれない。

乗船から二時間ほど過ぎた頃から我々の吐く息によって船内に結露が生じるようになる。

天井側から前方に水滴が垂れるようになると、タオルで頻繁に結露や水滴を拭くことが必要になった。

水深八〇〇〇メートルを超えた午前一一時頃、ベスコボさんが早めの昼食をとろうと言って、サンドイッチを半分だけ食べる。サンドイッチを口に入れると、パンが口の中の水分をすべて吸い取ってしまい、とても苦しい。どうしようと思いながら、ゆっくりと食べていると、少しずつ口の中の水分が戻って楽になった。ちなみにベスコボさんはツナマヨサンド、私はハムチーズサンド。さらにベスコボさんはポテトチップス、私はチョコバーを食べる。

そして、水深九〇〇〇メートル、いよいよ着底の準備に入る。

日本人最深潜航記録

ベスコボさんが、海底から一〇メートルくらいの位置でバラスト(重り)を投下し、それからカウントダウンを「7」から始めた。そして二〇二一年八月一三日午前一一時五〇分、リミッティングファクターをゆっくりと伊豆・小笠原海溝最深部に着底させる。この時、船内で表示された深度は九七八九メートル(同年八月二九日のNHK報道では九八〇一メートル、船側の一〇月二日のプレスリリースでは九七七五メートル)。

真下から巻き上がる土煙の向こう側に、潜水船の照らす平坦な海底面が、光の届かなくなる先まで続く。「見える、見える、見える」とおもわず感嘆の声を出すと、ベスコボさんが

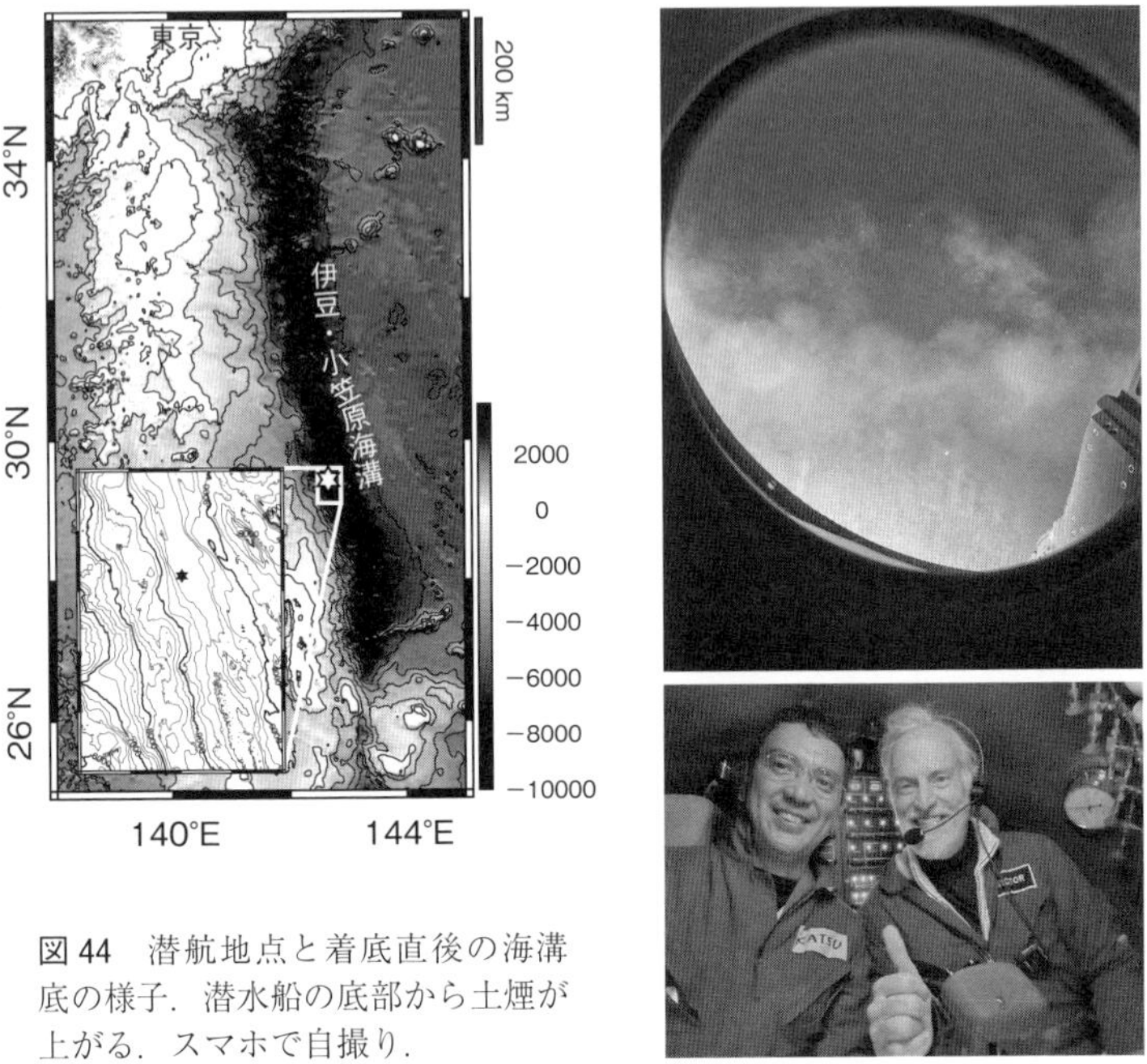

図44　潜航地点と着底直後の海溝底の様子．潜水船の底部から土煙が上がる．スマホで自撮り．

「おめでとう、貴方は最も深い海底に到達した日本人です」と右手を差し出す。少し照れながら「ありがとうございます」と返事をして握手。そして、スマホで二人の記念写真を自撮りした(図44)。

　その後、ベスコボさんは、投入型無人定置探査機ランダーに向けて、潜水船を進ませる。このランダーは、私たちの潜航に先立って午前二時頃から三機、それぞれ水深の異なる海底に向けて母船から投入されていたもの。ランダーは主に生物調査に使用されたが、潜水船の位置を確認する役割の一端も担った。

海溝底で

着底の際に巻き上げられた泥がわずか数分で流されていく。その様子から海流がかなり速いことがわかる。ランダーへと向かう間、海底面の様子を一所懸命に観察した。伊豆・小笠原海溝最深部の海底は泥に覆われているが、柔らかい泥はそれほど厚くない。海底面は完全な平坦ではなく、緩やかな起伏が続いている。所々に段差があり、堆積物の層が認められる。ナマコやクラゲ、イソギンチャクの仲間も頻繁に観察窓の視界に入ってくる。何かが視界に入る度にスマホで撮影する。事前にジェミイソン教授からデジタルカメラよりもスマホの方が一瞬の撮影ではよい画像を撮りやすいと助言をもらった。まさにその通りだった。

海溝底は、暗闇の世界だ。しかし、潜水船のライトは太陽光と同じくらいの光量をもつため、照らされた海底の泥はビーチのように白っぽく、海水は手前から暗黒の彼方に向かって鮮やかな青色から藍色に徐々に変化する。外部の音は遮断されて聞こえない代わりに、船の動作音や機器類の音がする。荘厳な雰囲気と言いたいところだが、実際はベスコボさんに状況を説明してもらいながら観察窓やモニターを通じた海底観察や撮影とメモ書きに必死で余裕はない。「しんかい６５００」の潜航と同じで、振り返れば貴重な機会だったのは間違いないが、現場では感慨にふける時間はまったくなかった。

午後〇時二五分頃、先に投入されていたランダーに辿り着く(図45)。ランダーに向かって

図 45　潜水船からみたランダー．手前にのびているのは餌をつけたベイトトラップ．カメラで餌に群がる生物を撮影している．

いく途中で、ベスコボさんはリミッティングファクターに付属するマニピュレータを船内から操作した。しかし、マニピュレータは少しだけ動いた後、止まってしまう。ベスコボさんはすぐに諦めモード。ああ、ダメ(動かない)か。この時、海溝底で岩石を採るのは不可能になった。

岩石は見ただけでは、岩石種を特定できない。だから海底から採取して船上で割って確かめる必要がある。もしマントル物質である岩石を見つけてもマニピュレータが動かなければ、採ることはできず確かめようもない。こんな機会は二度とないだろう。仕方ないと思いつつも、残念だった。それでも潜航中は研究者としての役割がある。これは初めての海溝底だ。少しでも目にやきつけて、悔いが残らないようにしたい。できるだけ気持ちを切り替えて観察に集中した。

真っ暗闇のなかにランダーの灯りを窓から確認できたとき、まるで惑星探査の基地に到着したような気分になる。ベスコボさんは、ランダーに設置されたベイトトラップ(アームの先に生物をおびき寄せるための餌を取り付けたもの)の記録用カメラに写るように、ゆっくりとランダーに近づいていく(図46)。確かに潜航したという記録のために、独立して潜航させたランダーからこちらの写真を撮っておくのだ。

その後、海溝最深部の西側斜面の地形・地質を観察するため、針路を西に向ける。前日までの事前地形調査で予想していたが、西側斜面最深部の傾斜はかなり急で、地滑り地形が連続している(図47)。所々で岩石も確認できた。斜面を観察しながら少しずつ上り、午後二時二三分、水深九五七二メートルで離底する。

午後五時二〇分に海面まで浮上し、午後五時四〇分に下船。

図 46　ランダーがとらえた潜水船．ベイトトラップにたくさんのカイコウオオソコエビが群がっている．潜水船のスクリューによって船底から泥が湧き上がっている．

うれしい帰還

実際に潜航して強く印象に残ったことの一つに船内気温と超深海の海水温がある。海水は六〇〇〇メートルより深くなると水圧効果によって深部に向かってわずかに水温が上昇すること(断熱上昇)が知られている。潜水時、水深四〇〇〇メートルで船内二〇・一℃／海水温一・五℃だった。水深六二五〇メートルで一八℃／一・七℃、七七六〇メートルで一八℃／一・七℃、八七五〇メートルで一五℃／二・一℃、九五〇〇メートルで一四℃／二・二℃。船内気温は冷えていく一方で、海水温は水圧効果で

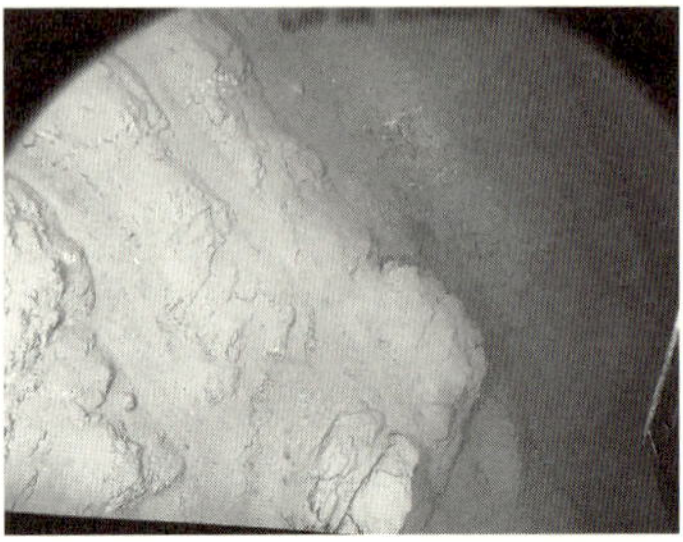

図 47　伊豆・小笠原海溝西側斜面の崖．層状の構造を地滑り地形が横切る．

わずかに上昇する。理屈通りに超深海底で水温計の数値が一℃から二℃に上がったことを確認したときは素直に感動した。

超深海底の調査を終えて浮上を開始すると、緊張感が和らぎ、潜水時と違って海面までの三時間が長い。この退屈を紛らわすため、浮上開始から揚収直前までベスコボさんのスマホで映画を観る。途中の水深六〇〇〇メートル付近で、はっきりとした冷気を感じる。九〇〇〇メートルからの浮上中、水圧が下がることで水温が下がり、海底にいたときよりも船内がさらに冷やされていた。しかし、ベスコボさんのスマホで観ていた映画が面白く、身震いするまで寒くなっている自覚がなかった。六〇〇〇メートルよりも水深が浅くなるにしたがって、次第に冷気は消えていく。それは、超深海底だけでなく、浮上中の船内において、有人潜水船の醍醐味ともいえる、文字通り肌で感じる貴重な感覚だった。

海面に戻ったことは、潜水船の揺れでわかった。ゆらゆらと揺れながら、揚収を待つ。リミッティングファクターが引き上げられ固定される。ベスコボさんがハッチを開ける。先に船外に出る。潜水船から頭を出すと、周囲から拍手が聞こえる。このとき、日本人を代表して潜った実感が湧き上がる。無事に達成できた（図48）。

変わっていく超深海へのアプローチ

今回の研究航海に参加して、潜水船による潜航が欧米の大富豪にとって宇宙旅行とともに「エクストリーム・ツーリズム」として流行するくらいに盛んであることを知る。実際、私を伊豆・小笠原海溝最深部まで連れていってくれたベスコボさんは、この二カ月前にアメリカの宇宙ビジネス企業「ブルーオリジン」の宇宙船に乗船して宇宙旅行をしている。プレッシャードロップ号の船内生活は「しんかい６５００」の支援母船「よこすか」とはまったく違って至れり尽くせりのサービスを感じた。それは科学掘削船ジョイデスレゾリューション号の船内生活に近い。

図48　下船の様子．潜水船から顔を出したときにどこからともなく拍手が聞こえて安堵する．

さらに民間船ならではとして、ブリッジの上のトップデッキにシェード付きのバーがあって、クーラーボックスには冷えた飲物が常備されている。缶ビールも好きなだけ飲めるが、船にも酒にも弱い私には一～二缶で十分だった。

研究航海の最後にジェミイソン教授から今後の研究航海について簡単な紹介があった。それは太平洋を横切って深海平原を順に調査していく、とても壮大で贅沢な研究計画である。太平洋横断の深海底調査が民間船によって行なわれることに民間パワーのすごさを感じた。

今回の乗船によって首席研究者のジェミイソン教授と面識ができたので、調査内容によっては再び乗船できるかもしれない。しかし、これを逆にして考えると、公的機関の運用ではなく、誰にでも平等に乗る機会を与えられる研究船ではない、とみることもできる。日本では、資格のある研究者が研究計画を申請して一定の評価が得られれば、研究航海が実現されるボトムアップ式なのに対して、民間船の研究航海はトップダウン式というか指名による一本釣り式に近い。それゆえに機動力があって活動的になれるのだろう。二〇三〇年までに、民間パワーによって超深海の研究は想像以上に進むかもしれない。

「しんかい6500」の存在感

リミッティングファクターに乗船してから八カ月後の二〇二三年四月一二日、フィリピン海四国海盆の海底調査のために「しんかい6500」に乗船する。そのとき、改めて「しんかい6500」の機能性と役割を体感。「しんかい6500」は三人乗り。正副二人の操縦士による連携によって海底の航走とマニピュレータによる作業を円滑に行なう。リミッティングファクターではマニピュレータが動かず作業はできなかったが、操縦士のベスコボさんがマニピュレータを操作しようとしたとき、船の操作はできなかった。「しんかい6500」

での二人で行なう柔軟な作業は、操縦士一人ではそれほど容易ではないだろう。

日本で潜水調査船「しんかい６５００」が一年中活動していると、我々研究者が乗船する機会は増える。私は「しんかい６５００」の経験によって、伊豆・小笠原海溝最深部の海溝底の潜航を楽しみながらもしっかりと役割を果たすことができた。潜航前の心身の調整についても「しんかい６５００」の乗船前と同じようにして落ち着いて整えられた。以前よりも一層「しんかい６５００」の存在の大きさを強く感じる。

伊豆・小笠原海溝の最深部にはマントルが存在するのは間違いない。約九八〇〇メートルという、これまでで最もマントルに近い場所にまで潜航できたことは感無量である。しかし、岩石を採取できなかったので喜びは半分くらい。

いつかマントルに到達する日まで、研究者として岩石を採って分析していく。超深海底のマントルの直接研究は、一筋縄にはいかない。海は広く大きく、海底は深く暗く、水圧は大きい。しかし、そこには私たちの惑星地球の大部分を占めるマントルが、静かにその岩肌を現して私たちの到着を待っている。

エピローグ

二〇二四年八月一日から三日までの三日間、気温三八度の猛暑の中、名古屋大学でハードロック掘削科学国際ワークショップがオンラインを併用したハイブリッド方式で開催された。国際ワークショップと銘打ったものの、ワークショップ予算はアルバイト代程度しかなく、海外研究者には時差を考慮した夕方以降または午前中にオンラインで講演してもらう他なかった。それでも事前登録数は六〇名を超え、名古屋大学に集まった参加者は二〇代から三〇代の大学院生や若手研究者が半数近くを占めて活気があった。

第4章で紹介した第二期ＩＯＤＰは二〇二三年ではなく二〇二四年九月に終わる。一九六八年から深海掘削計画を主導してきたアメリカは、科学掘削船ジョイデスレゾリューション号を退役させる決断をした。後継船の目処は立っておらず、深海掘削計画への関わりは大きく後退しそうである。一方、第一期ＩＯＤＰからアメリカとともに深海掘削計画を牽引してきた日本とヨーロッパ連合は、二〇二五年一月からアメリカ抜きで第三期ＩＯＤＰを始めることを決定する。これによって、地球深部探査船「ちきゅう」は引き続き深海掘削計画における主要なプラットフォームとして運用されることとなり、私を含めて深海掘削提案をもつ多くの深海底研究者が安堵した。「ちきゅう」はマントルまで掘削する能力をもっているのだ。マントルへの道はまだ途絶えていない。

　名古屋大学で開催したハードロック掘削科学国際ワークショップで議論したのは第４章で紹介したＭ２Ｍ（マントル掘削）ではない。伊豆・小笠原海溝の水深七〇〇〇メートルの斜面から直接マントルを掘削する前弧マントル掘削計画の立案である。Ｍ２Ｍでは海洋地殻六キロメートルを掘進してその先にあるマントルに到達するのに対して、前弧マントル掘削計画は海中を七〇〇〇メートル進んでその先にある深海底に露出するマントルを数百メートル掘削するだけである。Ｍ２Ｍよりも技術的な難易度は低い。実際に「ちきゅう」は、二〇二四年九月二一日に、日本海溝で水深六八九七・五メートル地点から海底下九八〇メートルまで掘削して総ドリルパイプ長七九〇六メートルという世界記録を樹立した。間違いなく、水深七〇〇〇メートルからの掘削は技術的に可能だ。二〇二五年一月から深海掘削計画は第三期ＩＯＤＰとして新たな掘削科学の時代に入る。我々は「ちきゅう」による前弧マントル掘削計画を数年先に実現させるべく、第三期ＩＯＤＰに提出する掘削提案書を準備中だ。

　一方、二〇二四年八月に文部科学省は科学技術・学術審議会海洋開発分科会として「今後の深海探査システムの在り方について」と題した提言を公開した。その中で、本書に度々登場した有人潜水調査船「しんかい６５００」と支援母船「よこすか」の老朽化対策と機能強化がはっきりと謳われた。「しんかい６５００」は建造から三五年以上が経過しており、どんなに老朽化対策しても二〇四〇年代までに耐圧殻の耐用年数を迎えて使用できなくなる。そこで、新たなコンセプトのフルデプス級の大深度探査機の開発が必要とも提言された。残念ながら、「しんかい６５００」の退役後に新しい有人潜水船が登場するのかどうかは明言されていない。しかし、いつの時代も科学的成果や発見による大きなブレイクスルーによって状況は変わるものだ。そんな先の懸念よりも前を向いていこう。

地球表層の七割を占める海は、広く大きく、深く暗い。本の見開き全部を世界地図にして海洋の調査地点を記すと、海を満遍なく調査しているような印象をもつかもしれない。しかし、マリアナ海溝潜航調査中の母船のデッキから三六〇度四方の水平線の彼方まで続く海と、船首の先でキラキラとした海面を見ながらゆっくりと揺られて、一万メートル以上の水深にある海底を想像するのはいつでも難しい。有人潜水船で観察できる視界も数十メートル程度でその先の闇の世界がどうなっているのか知る由もない。「はたして我々が知っている海の知識は、実際の海のどのくらいの割合なのだろう」と航海中に海を見ながらいつも考える。

そして、マントル。海とは比較にならない大きさをもつ固体地球の要となる物質。海と同様、本の見開きに掲載される地球の断面から実際の大きさや熱さ、対流を想像するのは、妄想に近い。けれども、マントル物質であるカンラン岩を手にして、その薄片を偏光顕微鏡で観察して、機器類で分析して、あーしてこーして考えて議論して、そこから何か知ることができたとき、決して見ることは叶わない地球深部のマントルの姿をほんの少しだけ垣間見たような気分になる。これって科学的醍醐味なのではないだろうか。だから、足をとめることなく、今日もどこかで探し続ける。めざせマントル！

本書は、家族をはじめとして学生時代から今に至るまでの多くの方々のご支援とご協力の上で成り立ちました。特に大学の恩師や先生たちの教えと、先輩・同輩・後輩諸氏との議論はとても参考になりました。また、私の研究に携わってくれた学生諸君には、本書で紹介した研究に多大なる貢献をしてもらいました。その他、静岡大学、名古屋大学、海洋研究開発機構の各機関には本書で紹介した国内外地質調査・研究航海を含めて有形無形にご支援を賜りました。最後に岩波書店の大橋耕氏と田中太郎氏には、本書の実現のために大変にお世話になりました。この場を借りて厚くお礼申し上げます。

二〇二四年九月二八日

名古屋大学東山キャンパス理学E館四階の居室にて

道林克禎

道林克禎

名古屋大学大学院環境学研究科教授・理学部教授，海洋研究開発機構客員研究員．専門は地質学，岩石鉱物学，地殻・マントル変動学，ハードロック掘削科学．静岡県生まれ．1988年静岡大学理学部卒業，1990年静岡大学大学院理学研究科修士課程修了，1994年James Cook University of North Queensland（オーストラリア），Department of GeologyでPh. D. 取得．1994年静岡大学助手，2002年同助教授，2013年同教授，2018年より名古屋大学教授．日本地質学会賞（2023年）受賞．趣味はロードバイク．

岩波科学ライブラリー　331

めざせマントル！ ―地球を掘る地質学者の冒険

2025年3月5日　第1刷発行

著　者　道林克禎《みちばやしかつよし》

発行者　坂本政謙

発行所　株式会社 岩波書店
〒101-8002 東京都千代田区一ツ橋2-5-5
電話案内 03-5210-4000
https://www.iwanami.co.jp/

印刷製本・法令印刷　カバー・半七印刷

ISBN 978-4-00-029731-8　　Printed in Japan

●岩波科学ライブラリー〈既刊書〉

326 国立科学博物館筑波実験植物園 編著
植物園へようこそ
定価一六五〇円
癒されて驚かされる世界の植物たちのとっておきの楽しみ方を研究者が語ります。植物を集めて育て、調べて守る、知られざる裏側の奮闘まで熱く紹介。きっと好きになる、もっと好きになる、植物園ガイドブック。

327 河東泰之
数学者の思案
定価一七六〇円
数学者になれる中高生を見抜くことはできるか。答えが一つの数学の試験採点は容易か。数学者になるまでの道はどんなものか。世間のイメージとも他分野の理系研究者の感覚とも異なる数学者の実像と思考法がうかがえるエッセイ。

328 岡野原大輔
生成AIのしくみ 〈流れ〉が画像・音声・動画をつくる
定価一六五〇円
驚くべき進展をみせている生成AIの核心を〈流れ〉の概念で解き明かす。AI実装で先端を行く著者が、拡散モデルを始めとして重要な概念の意味を明快に解説。数式をつかわずに言葉で伝える画期的入門書！

329 山内一也
ファージ・ハンター
病原菌を溶かすウイルスを探せ！
定価一五四〇円
薬剤耐性菌の脅威が増す中、細菌のウイルス＝ファージを用いる療法が復活する。分子生物学を誕生させ、医薬品開発の基盤技術ともなっているファージの探究史を、その発見から今日までドラマチックに描きだす。

330 白井恭弘
新版 外国語学習に成功する人、しない人
第二言語習得論への招待
定価一五四〇円
いつどこでも勉強できる辞書や教材がネットに豊富にあり、オンラインコミュニケーションの発達により外国語を使う機会が増えた今こそ、学習法を見直そう。ロングセラーの初版に補章やコラムを加え、最新の状況に対応した新版。

定価は消費税一〇％込です。二〇二五年三月現在